LoUnique

FASZINATION BIRKENPORLING

BESTIMMEN, SAMMELN, ANWENDEN
ALLES, WAS DU WISSEN MUSST

**LOU
HERFURTH**

Impressum

Texte: © 2024 Lou Herfurth
Fotos: © 2024 Lou Herfurth
Grafiken: © 2024 CanvaPro
Umschlag & Gestaltung: © 2024 CanvaPro, Lou Herfurth
Herausgeber: LoUnique, Neue-Anlage-Straße 65, 76135 Karlsruhe
Druck: independently published

1. Auflage 2024

Das Werk einschließlich aller Inhalte ist urheberrechtlich geschützt.
Alle Übersetzungsrechte vorbehalten.

Haftungsausschluss

Die Benutzung dieses Buches und die Umsetzung der darin enthaltenen Informationen erfolgt ausdrücklich auf eigenes Risiko. Der Verlag und auch die Autorin können für etwaige Schäden jeder Art aus keinem Rechtsgrund eine Haftung übernehmen. Haftungsansprüche gegen den Verlag und den Autor für Schäden materieller oder ideeller Art, die durch die Nutzung oder Nichtnutzung der Informationen bzw. durch die Nutzung fehlerhafter und/oder unvollständiger Informationen verursacht wurden, sind grundsätzlich ausgeschlossen. Rechts- und Schadensersatzansprüche sind daher ausgeschlossen. Das Werk inklusive aller Inhalte wurde unter größter Sorgfalt erarbeitet. Der Verlag und die Autorin übernehmen jedoch keine Gewähr für die Aktualität, Korrektheit, Vollständigkeit und Qualität der bereitgestellten Informationen. Druckfehler und Falschinformationen können nicht vollständig ausgeschlossen werden. Dieses Buch ersetzt keinen Arzt, Apotheker oder Heilkundigen.

FASZINATION BIRKENPORLING

INHALTSVERZEICHNIS

• • • • • • • • • • •

1

VORWORT.....1

1.1 Motivation und Ziel des Buches.....3
1.2 Geschichtlicher Rückblick.....5

2

DER BIRKENPORLING IM PORTRÄT.....6

2.1 Aussehen und typische Merkmale.....6
2.2 Lebenszyklus und Entwicklung.....7
2.3 Lebensraum des Birkenporlings.....8
   2.3.1 Natürliche Verbreitung.....9
2.4 Wachstums- und Sammelzeit.....10
2.5 Verwechslungsgefahren.....11

3

WIRKUNG UND WISSENSCHAFT.....15

3.1 Wirkstoffe.....15
   3.1.1 Polysaccharide.....15
   3.1.2 Triterpene.....16
   3.1.3 Betulin und Betulinsäure.....18
   3.1.4 Phenole.....18
   3.1.5 Flavonoide.....18
   3.1.6 Fettsäuren.....18
   3.1.7 Mineralstoffe und Spurenelemente.....18
3.2 Wissenschaft und Studienlage.....19
   3.2.1 Therapeutische Anwendung.....19
   3.2.2 Studienlage.....20
      3.2.2.1 Zytotoxische Wirkung.....21
      3.2.2.2 Extrakte in Tierversuchen.....21
      3.2.2.3 Antimikrobielle Wirkung.....22
      3.2.2.4 Immunmodulatorische Wirkung.....22
      3.2.2.5 Antioxidative Wirkung.....22
      3.2.2.6 Neuroprotektive Eigenschaften.....23

4

VERWENDUNGSMÖGLICHKEITEN...24

4.1 Naturheilkundliche Verwendung.....24
4.2 Traditionelle Verwendung.....25
4.3 Innere Anwendung.....27
   4.3.1 Verdauungsprobleme.....27
   4.3.2 Immunschwäche und Immunstärkung.....28
   4.3.3 Hauterkrankungen und Wundheilung.....29
   4.3.4 Kognitive Gesundheit u. Neuroprotektion.....30
   4.3.5 Antioxidation & Entzündungshemmung.....31
   4.3.6 Nebenwirkungen und Kontraindikationen.....32
      4.3.6.1 Wechselwirkung mit Medikamenten.....34

FASZINATION BIRKENPORLING

INHALTSVERZEICHNIS

5

BIRKENPORLING IN DER TIERHEILKUNDE.....36

5.1 Mykotherapie damals und heute.....36
    5.1.2 Traditionelle Verwendung.....36
    5.1.3 Kombinierte Mykotherapie.....37
5.2 Bioaktive Stoffe.....37
5.3 Moderne Mykotherapie für Tiere.....38
    5.3.1 Anwendungsmöglichkeiten.....39

6

DER BIRKENPORLING IM ALLTAG.....41

6.1 Sammeln und vorbereiten.....41
6.2 Birkenporlingpulver herstellen.....44
6.3 Rezepte für Tees, Tinkturen und Salben.....44
    6.3.1 Birkenporling Tee.....45
    6.3.2 Birkenporling-Tinktur.....46
    6.3.3 Birkenporling-Pulver.....47
    6.3.4 Birkenporling-Salbe für die Haut.....48
    6.3.5 Birkenporling als Zutat.....49

7

NACHHALTIG SAMMELN.....50

7.1 Gesetzliche Vorgaben.....53

8

BIRKENPORLING IN ZUKUNFT.....56

8.1 Zukünftige Forschung.....56
8.2 Birkenporling in Vitalpilzmischungen und Nahrungsergänzungsmitteln.....57

9

GLOSSAR.....58

10

LITERATURVERZEICHNIS.....62

VORWORT

In den letzten Jahren ist das Interesse an Naturheilmitteln und traditionellen Heilmethoden stark gewachsen – und das aus gutem Grund. Die Welt hat turbulente Zeiten durchlebt, von globalen Pandemien über neue Viren bis hin zu zunehmenden Umweltherausforderungen und einem Wandel hin zu nachhaltigerem, bewussterem Leben.

Menschen suchen nach Möglichkeiten, ihre Gesundheit aktiv und ganzheitlich zu stärken. Und genau hier kommen Vitalpilze ins Spiel – ein altes Wissen, das heute wieder brandaktuell ist. In Zeiten, in denen unser Immunsystem ständig gefordert ist, blicken immer mehr Menschen auf die Kräfte der Natur.

Ein besonderer Vertreter dieser Vitalpilze, der Birkenporling, hat die Aufmerksamkeit von Heilpraktikern, Forschern und gesundheitsbewussten Menschen gleichermaßen erlangt.

Dieser unscheinbare Pilz, der seit Jahrtausenden an den Stämmen von Birken gedeiht, birgt erstaunliche Kräfte, die erst in jüngerer Zeit wiederentdeckt wurden. Seine heilenden Eigenschaften – von der Stärkung des Immunsystems bis zur Förderung der Verdauung – werden immer intensiver erforscht, und das Interesse an diesem traditionellen Heilmittel ist größer denn je, wie auch oder gerade die Corona-Krise bewiesen hat.

Doch was macht den Birkenporling so besonders? Warum besinnen wir uns in einer Zeit, in der die moderne Medizin unzählige Möglichkeiten bietet, zurück auf uraltes Wissen?

Die Antwort liegt in dem Wunsch nach natürlicher, sanfter Heilung und in dem wachsenden Bewusstsein, dass chemische Medikamente nicht immer die einzige oder beste Lösung sind.

Der Birkenporling, der bereits von unseren Vorfahren genutzt wurde und sogar in der berühmten Fundstätte des "Ötzi", der 5000 Jahre alten Gletschermumie, als Heilmittel entdeckt wurde, zeigt uns, dass dieses alte Wissen gerade heute, im 21. Jahrhundert, von unschätzbarem Wert sein könnte.

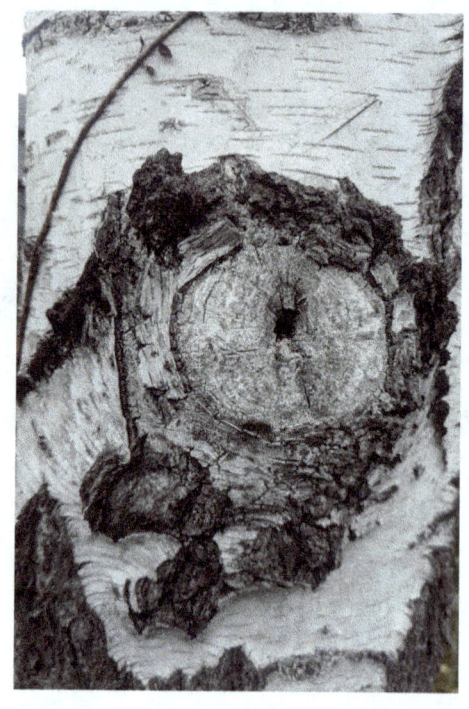

Erst recht in Krisenzeiten besinnen sich Menschen auf die Kraft der Natur und suchen nach Möglichkeiten, ihre Gesundheit selbst in die Hand zu nehmen.

Der Birkenporling ist ein Symbol für diesen neuen Trend, der auf jahrtausendealten Traditionen basiert, aber zugleich die moderne wissenschaftliche Forschung inspiriert.

Es ist an der Zeit, das Geheimnis dieses faszinierenden Pilzes zu lüften und seine erstaunlichen Wirkungen für unsere heutige Zeit zu entdecken.

Die Motivation für dieses Buch entspringt der tiefen Überzeugung, dass die Natur eine Fülle von Heilkräften bereithält, die oft unentdeckt oder schlicht in Vergessenheit geraten sind. In einer Welt, in der Gesundheit zunehmend als hohes Gut betrachtet wird, suchen Menschen nach sanften, natürlichen Wegen, um Körper und Geist zu stärken und ein tiefes Wohlbefinden zu fördern.

Der Birkenporling, ein unscheinbarer Pilz, der namensgebend vor allem auf Birken wächst, ist genau ein solches Geschenk der Natur – und weit mehr als das.

Frisch geernteter Birkenporling

Mit einer Mischung aus wissenschaftlichen Erkenntnissen und praktischen Anwendungstipps möchte dieses Buch sowohl Einsteiger als auch erfahrene Anwender in die faszinierende Welt des Birkenporlings entführen. Ziel ist es, ein Bewusstsein für die natürlichen Alternativen zu schaffen, die uns umgeben, und gleichzeitig einen verantwortungsvollen Umgang mit diesem wertvollen Heilmittel zu fördern.

Der Birkenporling soll als eine Inspiration verstanden werden – eine Einladung, das eigene Wohlbefinden in Einklang mit der Natur zu bringen und die heilende Kraft der Vitalpilze für sich zu entdecken. „Faszination Birkenporling" soll dazu ermutigen, wieder mehr Eigenverantwortung für die eigene Gesundheit zu entwickeln.

Dieses Buch möchte den Birkenporling als außergewöhnlichen Heilpilz vorstellen und seine vielfältigen Anwendungsmöglichkeiten und gesundheitlichen Vorteile beleuchten. Durch seine einzigartige Zusammensetzung und seine jahrtausendealte Geschichte als Naturheilmittel hat dieser Vitalpilz das Potenzial, unser modernes Gesundheitsverständnis zu bereichern und einen natürlichen Weg zur Stärkung des Immunsystems, zur Verbesserung der Verdauung und zur Unterstützung bei Entzündungen zu bieten.

1.1 Geschichtlicher Rückblick

Der Birkenporling hat eine lange und reiche Geschichte, die Jahrtausende zurückreicht und ihn fest in die Traditionen verschiedener Kulturen einbindet. Von den kühlen Wäldern Sibiriens bis zu den Bergregionen Europas schätzten zahlreiche indigene Völker diesen Pilz als kraftvolles Heilmittel und spirituellen Begleiter.

Der älteste Beleg für seine Nutzung stammt von der berühmten "Gletschermumie" Ötzi, einem Mann, der vor etwa 5000 Jahren in den Alpen lebte und dessen gefrorener Körper im Eis konserviert blieb. Neben Werkzeugen und Nahrungsmitteln trug Ötzi auch zwei Stücke Birkenporling bei sich, vermutlich als natürliches Antibiotikum und Mittel gegen Verdauungsbeschwerden. Diese Entdeckung zeigt uns, dass der Birkenporling bereits in der Jungsteinzeit als Heilmittel bekannt war und gezielt zur Stärkung der Gesundheit genutzt wurde.

Auch in den nördlichen Regionen Sibiriens und Osteuropas spielte der Birkenporling eine wichtige Rolle. Die indigenen Völker dieser Gebiete, wie die Burjaten und andere Ethnien Sibiriens, nutzten ihn zur Behandlung von Wunden, Verdauungsproblemen und Infektionen. In einem Land, in dem die Naturheilkunde seit Jahrhunderten tief verwurzelt ist, wurde der Birkenporling nicht nur für seine medizinischen Eigenschaften geschätzt, sondern auch als Schutz- und Glückssymbol verwendet.

Er galt als ein Pilz, der Körper und Seele reinigt, böse Geister abwehrt und die Lebensenergie stärkt.

Wenn wir im Laufe des Buches tiefer in die positiven Eigenschaften des Birkenporlings eintauchen, könnte man ihn auch heute noch durchaus als glücksbringend bezeichnend, wenngleich die modernen „bösen Geister" dann vermutlich andere sind als seinerzeit.

In den europäischen Volksheiltraditionen wurde der Birkenporling ebenfalls als "Heilpilz" verwendet. Vor allem in Mittel- und Nordeuropa nutzte man seine entzündungshemmenden und antibakteriellen Eigenschaften bei Verletzungen und Hautkrankheiten. Hirten und Waldarbeiter in Skandinavien und Osteuropa kauten getrocknete Stücke des Pilzes oder bereiteten ihn als Tee zu, um Magen- und Darmprobleme zu lindern und ihr Immunsystem zu stärken – ein Ritual, das bis in die heutige Zeit überliefert wurde.

Diese jahrtausendealten Traditionen unterstreichen die kulturelle und heilkundliche Bedeutung des Birkenporlings und führen uns vor Augen, wie tief das Wissen um diesen Pilz in den Kulturen verankert war.

Heute erleben wir eine Renaissance dieses Heilwissens. Wissenschaftliche Forschungen bestätigen zunehmend die Heilkraft des Birkenporlings, und Menschen auf der ganzen Welt besinnen sich wieder auf das Wissen und die Weisheit unserer Vorfahren.

Der Birkenporling ist somit mehr als ein Pilz – er ist ein lebendiges Erbe, das uns die heilende Kraft der Natur näherbringt und uns zeigt, dass die Lösungen für viele unserer Gesundheitsprobleme direkt vor unserer Haustür liegen könnten.

2

DER BIRKENPORLING IM PORTRÄT

Der Birkenporling, der wissenschaftlich *Fomitopsis betulina*, genannt wird und bis 2015 als *Piptoporus betulinus* bezeichnet wurde, ist ein faszinierender Pilz, der fast ausschließlich auf Birken wächst und sich durch sein unverwechselbares Aussehen sowie seine einzigartigen Eigenschaften auszeichnet. Dieser Vitalpilz gehört zur Familie der Stielporlingsverwandten (*Polyporaceae*) und ist ein Vertreter der sogenannten Weißfäulepilze. Diese spezielle Gruppe hat die Fähigkeit, das Holz lebender oder toter Bäume zu zersetzen und dabei Zellulose abzubauen – ein wichtiger Prozess, der in der Natur zur Humusbildung und zum Nährstoffkreislauf beiträgt.

2.1 Aussehen und Merkmale

Der Birkenporling ist ein Baumpilz mit einer sehr charakteristischen, glatten und samtigen **Oberfläche**, die in hellen Brauntönen bis hin zu einem leicht rosafarbenen Beige schimmert. Der **Fruchtkörper** des Birkenporlings ist in der Regel halbkreisförmig oder hutförmig und erreicht eine **Größe** von etwa 5 bis 20 cm im Durchmesser, manchmal sogar bis zu 30 cm. Seine Dicke kann zwischen 2 und 6 cm variieren, was ihm ein massives, fast fleischiges Aussehen verleiht. Der **Hutrand** des Pilzes ist abgerundet und oft leicht gewellt, was ihm ein robustes, aber dennoch zartes Erscheinungsbild verleiht. Gelegentlich wächst er auch **gebuckelt** am Baum, was ein weiteres Erkennungszeichen für ihn ist, da andere Baumpilze diesen Buckel eher nicht ausbilden.

Im Gegenlicht schimmern die sehr feinen Poren.

Ein besonderes Merkmal des Birkenporlings ist seine weiße bis cremefarbene **Unterseite**, die dicht mit winzigen, runden Poren besetzt ist. Je nach Lichteinfall schimmern diese. Diese Poren sind für die Sporenproduktion zuständig, über die sich der Pilz außerdem vermehrt.

Wenn man den Birkenporling aufbricht, sieht man das feste weiße, fleischige Innere, das beim Trocknen eine harte, korkartige Konsistenz annimmt. Das Fruchtfleisch selbst ist mild im **Geruch** und hat eine leicht bittere Note, die viele Pilzkenner sofort erkennen.

Der Buckel ist deutlich erkennbar.

2.2 Lebenszyklus und Entwicklung

Der Lebenszyklus des Birkenporlings beginnt, wenn eine Spore auf eine verletzte oder bereits geschwächte Birke trifft. Dort kann die Spore keimen und in das Holz eindringen, wodurch der Pilz zu wachsen beginnt. Der Birkenporling bevorzugt **geschwächte** oder bereits abgestorbene **Bäume**, an denen er sich ansiedelt und das Holz langsam zersetzt.

Der Fruchtkörper des Birkenporlings bildet sich meist im Frühling oder Spätsommer, abhängig von den klimatischen Bedingungen, und kann sich über mehrere Monate hinweg entwickeln. In dieser Zeit reift er heran, produziert Sporen und setzt diese frei. Die Sporen werden durch den Wind verteilt und können so neue Birkenbäume besiedeln.

Diese „Bedingungen" sind für das Wachstum des Birkenporlings essenziell: Der Pilz gedeiht besonders gut auf Birkenstämmen, die in feuchten und **kühlen Klimazonen** vorkommt. Einige Pilzfreunde gehen aufgrund ihrer Beobachtungen sogar davon aus, dass Birken, die weniger Sonnenlicht abbekommen, dafür aber mehr im Wind stehen, wesentlich eher und mehr Pilze ausbilden.

Nach etwa einem Jahr ist der Fruchtkörper oft verbraucht und beginnt sich zu zersetzen, wobei er schließlich verrottet und sich in die Natur zurückführt. Porlinge eignen sich nicht mehr für den Gebrauch und können kontaminiert sein, was sich nachteilig auf die Gesundheit auswirkt.

Nur solche mit reinweißer Unterseite sollten im **Sammelkorb** landen.

Mit seiner einzigartigen Biologie und seinen bemerkenswerten Heilkräften ist der Birkenporling ein würdiger Vertreter der Vitalpilze, der uns auf wunderbare Weise zeigt, wie eng Natur und Wohlbefinden miteinander verknüpft sind.

2.3 Lebensraum des Birkenporlings

Der Birkenporling ist in den gemäßigten und kühlen Regionen der nördlichen Hemisphäre beheimatet und findet sich vor allem in Europa, Nordamerika und Teilen Asiens. Sein Name verrät schon seinen bevorzugten Lebensraum: Er wächst fast ausschließlich auf Birken, insbesondere an bereits geschwächten oder abgestorbenen Bäumen.

In den dichten Birkenwäldern Nordeuropas und Sibiriens sowie in den alpinen Regionen Mitteleuropas ist der Birkenporling daher häufig anzutreffen. Seine enge Bindung an Birkenbäume und seine Vorliebe für kalte, feuchte Klimazonen machen ihn zu einem typischen Bewohner von Misch- und Laubwäldern mit hohem Birkenanteil.

Rolle im Ökosystem

Der Pilz erfüllt eine wichtige Aufgabe im Ökosystem und trägt aktiv zur Stabilität und Gesundheit des Waldes bei. Als sogenannter Weiß-fäulepilz ist er in der Lage, Lignin und Zellulose – die beiden Hauptbestandteile von Holz – abzubauen. Diese Zersetzungsarbeit beschleunigt den Abbau toter Bäume, fördert die Nährstofffreisetzung und sorgt für fruchtbaren Waldboden.

Damit bewirkt er einen natürlicher Recyclingprozess, indem er das Holz in seine Grundbestandteile zerlegt und organisches Material für Pflanzen, Insekten und Mikroorganismen verfügbar macht.

Durch diese Rolle unterstützt der Birkenporling die Bodenbildung und sorgt für ein gesundes Gleichgewicht im Wald. Außerdem schafft er durch das Zersetzen toter Bäume neue Lebensräume für andere Lebewesen. Insekten, Flechten und Moose nutzen das abgestorbene Holz, das der Birkenporling bewohnt, als Lebensraum und Nahrungsquelle, wodurch sich eine reiche Artenvielfalt entwickelt.

Auch Vögel und Kleintiere profitieren indirekt von dieser Entwicklung, da sie in solchen Ökosystemen Nahrung und Schutz finden.

Symbiose mit der Birke

Der Birkenporling ist nicht nur auf die Birke angewiesen, sondern hat auch eine tiefe Verbindung zu diesem Baum. Die Birke, ein Pionierbaum, der auf kargen Böden gedeiht und oft der erste Baum ist, der sich in neu entstandenen Wäldern ansiedelt, bietet ihm durch ihre weichen Holzfasern eine optimale Grundlage zum Wachstum.

2.3.1 Natürliche Verbreitung und ökologische Ansprüche

Sobald der Baum stirbt oder stark geschwächt ist, bildet der Pilz seinen Fruchtkörper aus und beginnt seine Zersetzungsarbeit. Dadurch kehrt der Baum in gewisser Weise zum Boden zurück, aus dem er einst gewachsen ist – und der Kreislauf des Lebens beginnt von Neuem.

Indem der Birkenporling den Zerfallsprozess einleitet, unterstützt er den Wald dabei, sich zu erneuern und Raum für neue Bäume und Pflanzen zu schaffen. So fördert er nicht nur die Biodiversität, sondern spielt eine unverzichtbare Rolle im natürlichen Kreislauf des Waldes.

Seine enge Bindung an den Lebensraum Birke und seine Zersetzungsfähigkeit machen den Birkenporling zu einem stillen, aber äußerst effektiven Akteur im Ökosystem – ein wahrer Naturverbündeter, der einen wesentlichen Beitrag zur Gesundheit und Stabilität der Waldgemeinschaft leistet.

Der Birkenporling benötigt für sein Wachstum spezifische Bedingungen: feuchte Wälder mit kühlen Temperaturen, die ihm ein langsames und konstantes Wachstum ermöglichen. Er bevorzugt Wälder, in denen Birkenbäume zahlreich vertreten sind und häufig Verletzungen aufweisen, sei es durch Windbruch, Tieraktivitäten oder andere natürliche Einflüsse. Sobald der Pilz einen geeigneten Baum gefunden hat, besiedelt er das Holz und beginnt, es langsam abzubauen.

Diese Anpassung an Birken ist so einzigartig, dass er nur sehr selten auf anderen Baumarten zu finden ist. Es scheint, dass die chemische Zusammensetzung des Birkenholzes besonders förderlich für sein Wachstum ist, was ihn zu einem Spezialisten unter den Vitalpilzen macht. Die symbiotische Beziehung zur Birke ist in der Natur selten, aber entscheidend für den Lebensraum des Birkenporlings.

Der Birkenporling wächst in Deutschland besonders gut im Frühling und Spätsommer bis Herbst. Der ideale Zeitraum für das Sammeln des Pilzes liegt etwa zwischen Juni und Oktober, wobei die besten Monate meist August und September sind. In dieser Zeit haben die Fruchtkörper des Pilzes ihre volle Größe erreicht und sind am stärksten mit den wertvollen Inhaltsstoffen angereichert, die für seine heilende Wirkung bekannt sind.

Junge Birkenporlinge weisen einen eher geringeren Anteil hilfreicher Eigenschaften auf, weswegen diese gesammelt werden sollten, wenn sie ausgereift aber noch weich sind.

2.4 Wachstums- und Sammelzeit

Frühjahr (ab Juni):

In den wärmeren Monaten des Frühjahrs beginnen die Fruchtkörper des Birkenporlings sich zu bilden und zu wachsen. In Regionen mit milderem Klima kann man ihn auch schon ab Mai an den Birkenstämmen finden.

Spätsommer bis Herbst (August bis Oktober):

Ab August bis in den Oktober hinein erreicht der Birkenporling seine optimale Reife und ist somit ideal zum Sammeln. Die Fruchtkörper sind in dieser Zeit noch frisch und saftig, bevor sie im Spätherbst verhärten und austrocknen.

Hinweise zum Sammeln

Da der Birkenporling oft an toten oder geschwächten Birken wächst, findet man ihn häufig in älteren oder durch Sturm und Umwelteinflüsse geschädigten Birkenbeständen. Beim Sammeln sollte man darauf achten, nur Pilze mit einem festen und frischen Fruchtkörper, der sich aber noch eindrücken und biegen lässt, zu nehmen, da ältere und bereits ausgetrocknete Exemplare weniger Inhaltsstoffe enthalten und schwieriger zu verarbeiten sind, zudem können sie durch den Zersetzungsprozess kontaminiert sein.

Tipp: Den Birkenporling vorsichtig vom Baum abschneiden und nicht ausreißen, um die Umgebung so wenig wie möglich zu stören.

Auch Bruchstücke bilden Birkenporlinge aus, Nachsehen lohnt sich oft.

2.5 Verwechslungsgefahren: Ähnliche Pilzarten

Beim Sammeln des Birkenporlings ist Vorsicht geboten, da es einige Pilzarten gibt, die ihm ähnlichsehen und daher leicht verwechselt werden können. Auch wenn keine dieser ähnlichen Arten giftig ist, unterscheiden sie sich doch in ihren Inhaltsstoffen und Heilwirkungen. Ein achtsames Auge und etwas Pilzkenntnis helfen, Verwechslungen zu vermeiden.

2.5.1. Zunderschwamm
(Fomes fomentarius)

Der Zundersschwamm geht farblich ins graue und weist konzentrische Ringe auf.

Beschreibung:
Der Zunderschwamm ist ein weiterer häufiger Baumpilz, der wie der Birkenporling bevorzugt an Laubbäumen wächst, einschließlich Birken. Sein Fruchtkörper ist hutförmig und meist deutlich größer und dicker als der des Birkenporlings. Er hat eine graue bis graubraune Oberfläche und eine halbkreisförmige Form, oft mit konzentrischen Ringen.

Unterschiede:
Während der Birkenporling eine weiche, samtige Oberseite hat, ist der Zunderschwamm deutlich härter und ledriger. Zudem fehlt dem Zunderschwamm die weiße Unterseite des Birkenporlings – er besitzt eine hellbraune, feine Porenschicht.

Heilwirkung:
Der Zunderschwamm hat ebenfalls heilende Eigenschaften und wurde traditionell zur Wundheilung und zur Blutstillung verwendet, jedoch ist er für die Zubereitung von Tees oder Tinkturen wegen seiner harten Beschaffenheit weniger geeignet.

Der Birkenporling ist braun mit einer hellen Unterseite und weich.

2.5.2. Flacher Lackporling
(Ganoderma applanatum)

Beschreibung:
Der Flache Lackporling ist ein Pilz mit einer flachen, oft welligen Oberseite, die dunkelbraun bis schwarz gefärbt ist und eine glänzende, lackähnliche Oberfläche aufweist. Er wächst ebenfalls an Laubbäumen, bevorzugt aber Buchen und Eichen. An Birken ist er seltener, kann jedoch in Mischwäldern gemeinsam mit dem Birkenporling auftreten.

Unterschiede:
Im Gegensatz zum samtigen Birkenporling hat der Lackporling eine glänzende, harte Oberfläche und eine dunklere Färbung. Er hat außerdem eine bräunliche Porenschicht an der Unterseite, die sich von der weißen Unterseite des Birkenporlings unterscheidet und bei Berührung oder Druck nachdunkelt.

Heilwirkung:
Der Lackporling wird in der Traditionellen Chinesischen Medizin als Heilmittel hoch geschätzt, ist aber chemisch und therapeutisch nicht mit dem Birkenporling vergleichbar.

2.5.3. Schiefer Schillerporling
(Inonotus obliquus)

Beschreibung:
Der Schillerporling bildet dunkle, fast schwarze, knollenartige Wucherungen an den Stämmen, vor allem an Birken. Er sieht auf den ersten Blick nicht wie ein typischer Pilz aus, sondern eher wie ein verkohlter Holzklumpen, weshalb Verwechslungen meist nur bei oberflächlicher Betrachtung vorkommen. Aufgeschnitten weist der Chaga-Pilz eine orange Innenschicht auf. Er lässt sich nur schwer schneiden und krümelt.

Unterschiede:
Der Chaga-Pilz ist durch seine tiefschwarze und krustenartige Oberfläche leicht vom Birkenporling zu unterscheiden.

Heilwirkung:
Der Chaga-Pilz ist für seine adaptogenen und antioxidativen Eigenschaften bekannt, wird jedoch anders als der Birkenporling zubereitet und verwendet. Eine Verwechslung wäre hier ungefährlich, jedoch sollte der Pilzkenner wissen, dass beide Pilze unterschiedliche Anwendungsgebiete und gesundheitliche Vorteile bieten. Der Chaga ist relativ selten und wird deswegen auch als „Diamant des Waldes bezeichnet".

Der Flache Lackporling unterscheidet sich durch seine dunkle Unterseite, die bei Druck nachdunkelt.

Der Birkenporling bleibt auch bei Druck hell.

2.5.4 Rotrandiger Baumschwamm
(Fomitopsis pinicola)

Beschreibung:
Der Rotrandige Baumschwamm wächst oft an Nadelbäumen, kann jedoch gelegentlich an Birken gefunden werden. Er hat eine harte, halbkreisförmige Kappe mit einem charakteristischen roten, teilweise klebrigem Rand und einer dunklen, graubraunen Oberfläche und erreicht Größen bis zu 30 cm.

Der Rotrandige Baumschwamm kann größere Ausmaße annehmen.

Unterschiede:
Der rotbraune Rand und die harte Konsistenz unterscheiden ihn klar vom Birkenporling. Während der Birkenporling weicher und oft samtig ist, ist der Rotrandige Baumschwamm sehr fest und schwer zu schneiden.

Heilwirkung:
Dieser Pilz hat ebenfalls heilende Wirkungen, wird jedoch in der Naturheilkunde selten verwendet und ist in der Zubereitung mühsamer als der Birkenporling.

Im Anschnitt sind einzelne Porenschichten erkennbar.

Der namensgebende rote Rand ist teilweise klebrig.

Der Birkenporling ist im Anschnitt hell.

Diese Pilze sind oft in ähnlichen Lebensräumen wie der Birkenporling zu finden und können ihm optisch nahekommen. Ein aufmerksamer Blick und das Wissen um spezifische Merkmale, wie die Beschaffenheit und Farbe der Oberfläche, können helfen, Verwechslungen zu vermeiden.

Besonders die samtige Oberseite und die weiße, feine Porenschicht an der Unterseite machen den Birkenporling leicht identifizierbar und unterscheiden ihn deutlich von ähnlichen Arten.

Häufig wird die Birke neben dem Birkenporling auch von weiteren Baumpilzen besiedelt, die sich allerdings schon auf den ersten Blick unterscheiden lassen, vor allem Trameten lassen sich oft antreffen und sorgen für tolle Eyecatcher.

3
WIRKUNG UND WISSENSCHAFT

Der Birkenporling ist nicht nur ein faszinierender Pilz aus ökologischer Sicht, sondern auch ein kraftvolles Heilmittel, das eine Vielzahl von bioaktiven Substanzen enthält. Diese Inhaltsstoffe sind für seine vielfältigen positiven Wirkungen auf die Gesundheit verantwortlich. Der Birkenporling wird traditionell in vielen Kulturen verwendet, um das Immunsystem zu stärken, Entzündungen zu lindern und die Verdauung zu unterstützen. Besonders die Polysaccharide, Triterpene und andere bioaktive Verbindungen machen ihn zu einem wertvollen Bestandteil in der modernen Naturheilkunde.

3.1 Wirkstoffe des Birkenporlings
3.1.1. Polysaccharide

Polysaccharide sind komplexe Zucker, die zu den wichtigsten bioaktiven Verbindungen im Birkenporling gehören. Sie spielen eine entscheidende Rolle bei den immunmodulierenden und entzündungshemmenden Eigenschaften dieses Pilzes: Der Begriff immunmodulierend beschreibt die Fähigkeit eines Stoffes oder einer Substanz, das Immunsystem in seiner Funktion zu beeinflussen – sei es, um es zu stärken, zu regulieren oder in einem bestimmten Fall zu dämpfen.

Das Immunsystem ist ein komplexes Netzwerk von Zellen, Organen und Molekülen, das den Körper vor Infektionen und anderen schädlichen Einflüssen schützt. Es muss jedoch in einem ausgewogenen Zustand bleiben, um effektiv zu arbeiten: Es sollte nicht zu schwach sein, um gegen Krankheitserreger zu kämpfen, aber auch nicht übermäßig aktiv, um den Körper nicht in einem Zustand chronischer Entzündung oder Autoimmunerkrankung zu versetzen.

Ein immunmodulierender Stoff hilft dabei, dieses Gleichgewicht zu erreichen, indem er auf das Immunsystem einwirkt und es anpasst:

1. **Stärkung des Immunsystems:**
Er kann die Aktivität von Immunzellen wie Makrophagen oder natürlichen Killerzellen (den sogenannten Makrophagen) steigern, sodass der Körper besser in der Lage ist, Infektionen und Tumorzellen zu bekämpfen.

2. **Regulation:**
Bei einer Überaktivität des Immunsystems, etwa bei Autoimmunerkrankungen (wo das Immunsystem körpereigenes Gewebe angreift), kann ein immunmodulierender Stoff helfen,

die Immunantwort zu dämpfen und die Entzündungen zu reduzieren.

3. Harmonisierung:
Immunmodulatoren können das Immunsystem auch auf eine Weise ausbalancieren, dass es weder zu schwach noch zu stark ist, was eine optimale Abwehrkraft gegenüber externen Bedrohungen gewährleistet.

Beta-Glucane:
Diese spezielle Form der Polysaccharide ist besonders bekannt für ihre Fähigkeit, das Immunsystem zu stimulieren. Beta-Glucane aktivieren Makrophagen und andere Immunzellen, wodurch sie die Abwehrkräfte des Körpers gegen Krankheitserreger wie Bakterien, Viren und Pilze stärken. Zudem haben Beta-Glucane die Fähigkeit, den Blutdruck zu senken, das Cholesterin zu regulieren und die Blutzuckerwerte zu stabilisieren. In Studien wurde gezeigt, dass Beta-Glucane die natürliche Killerzellen-Aktivität fördern und so zur Bekämpfung von Krebszellen beitragen können.

Polysaccharide aus der Familie der *Fucogalactomannane*:
Diese Polysaccharide sind besonders stark entzündungshemmend und wirken sich positiv auf die Gesundheit des Magen-Darm-Traktes aus. Sie unterstützen den Aufbau einer gesunden Darmflora, was die Verdauung fördert und das Immunsystem stabilisiert. Bedenkt man, dass die Gesundheit quasi im Darm „geschieht" und damit auch entscheidend unser Wohlbefinden beeinflusst, geht uns das Thema Darmgesundheit mehr an als nur am Allerwertesten vorbei.

Polsaccharidproteine:
Neben den Polysacchariden enthält der Birkenporling auch Polysaccharidproteine, die in ihrer Zusammensetzung zwischen Zucker und Proteinen variieren. Diese Verbindungen fördern die Regeneration von Gewebe und können dabei helfen, die Heilung von Wunden und Verletzungen zu beschleunigen. Ihre immunmodulierenden Eigenschaften machen sie auch zu einer wertvollen Unterstützung für Menschen mit geschwächtem Immunsystem oder Autoimmunerkrankungen.

3.1.2. Triterpene

Triterpene sind eine Gruppe von organischen Verbindungen, die in vielen Heilpilzen vorkommen und für ihre entzündungshemmenden, antioxidativen und antimikrobiellen Eigenschaften bekannt sind. Beim Birkenporling finden sich mehrere Arten von Triterpenen, darunter Betulin und Betulinsäure, die nicht nur die antioxidative Kapazität des Pilzes verstärken, sondern auch direkt zur Gesundheit des Herz-Kreislaufsystems und des Immunsystems beitragen.

Antimikrobiell und antioxidativ sind Begriffe, die sich auf die Fähigkeit von Substanzen beziehen, bestimmte schädliche Prozesse im Körper zu verhindern oder zu hemmen. Sie spielen eine zentrale Rolle in der Gesundheitsförderung und der Prävention von Krankheiten.

Der Begriff antimikrobiell beschreibt die Fähigkeit eines Stoffes, Mikroorganismen wie Bakterien, Viren, Pilze oder Parasiten zu hemmen oder abzutöten. Antimikrobielle Substanzen wirken also gegen Infektionserreger und verhindern deren Wachstum oder Ausbreitung im Körper.

Beispiele für antimikrobielle Substanzen:

·Antibiotika (gegen Bakterien)
·Antivirale Mittel (gegen Viren)
·Antimykotika (gegen Pilze)
·Natürliche antimikrobielle Stoffe wie die Triterpene im Birkenporling

Antimikrobielle Substanzen sind besonders wichtig für die Vorbeugung von Infektionen und zur Behandlung von Krankheiten, die durch Mikroben verursacht werden. Im Fall des Birkenporlings enthalten die Triterpene und andere bioaktive Verbindungen antimikrobielle Eigenschaften, die helfen können, schädliche Mikroben im Körper zu bekämpfen.

Der Begriff **antioxidativ** bezieht sich auf die Fähigkeit eines Stoffes, sogenannte freie Radikale im Körper zu neutralisieren. Freie Radikale sind instabile Moleküle, die durch normale Stoffwechselprozesse entstehen oder durch äußere Einflüsse wie Umweltverschmutzung, UV-Strahlung oder Zigarettenrauch in den Körper gelangen. Sie können Zellen und Gewebe schädigen, was zu oxidativem Stress führt. Oxidativer Stress ist mit vielen chronischen Erkrankungen wie Krebs, Herzkrankheiten, Diabetes und Alterungsprozessen verbunden.

„Anti" Oxidantien sind Substanzen, die diese freien Radikale „fangen" und ihre schädliche Wirkung verhindern. Sie schützen die Zellen vor Schäden und tragen so zur Erhaltung der Gesundheit und Verlangsamung des Alterungsprozesses bei.

Beispiele für antioxidative Substanzen:

·Vitamin C und Vitamin E
·Flavonoide (pfl. Antioxidantien)
·Polyphenole (in vielen Pflanzen und Pilzen enthalten)
·Triterpene im Birkenporling, die als potente Antioxidantien wirken

Antioxidantien spielen eine Schlüsselrolle im Schutz vor Zellschäden und helfen, die allgemeine Gesundheit zu erhalten. Im Birkenporling sind es insbesondere die **Betulin** und **Betulinsäure**, die antioxidative Eigenschaften haben und helfen, oxidative Schäden zu reduzieren, indem sie freie Radikale neutralisieren.

Zusammenfassend:

Antimikrobiell bedeutet, dass eine Substanz gegen Mikroben wirkt und deren Wachstum hemmt.
Antioxidativ bedeutet, dass eine Substanz freie Radikale neutralisiert und Zellschäden durch oxidativen Stress verhindert.

Im Falle des Birkenporlings sind es vor allem die Polysaccharide und Triterpene, die auf das Immunsystem einwirken und es immunmodulierend beeinflussen. Sie stärken die Immunantwort, indem sie bestimmte Immunzellen aktivieren, und helfen,

Entzündungsprozesse zu regulieren. So unterstützt der Pilz den Körper, sich sowohl gegen Infektionen als auch gegen chronische Entzündungen zu wappnen.

3.1.3 Betulin und Betulinsäure

Diese Triterpene stammen ursprünglich von der Birke, da der Birkenporling an diesem Baum wächst. Betulin hat eine starke antioxidative Wirkung, die hilft, Zellschäden durch freie Radikale zu vermeiden und den Alterungsprozess zu verlangsamen. Betulinsäure wirkt entzündungshemmend und schützend gegenüber den Zellen, was besonders bei chronischen Erkrankungen wie Arthritis und anderen entzündlichen Erkrankungen von Vorteil ist. In einigen Studien wurde Betulin auch als vielversprechend in der Krebstherapie identifiziert, da es Tumorzellen hemmen kann, ohne gesunde Zellen zu schädigen.

Hierzu wird derzeit aktiv geforscht, doch sehen die bisherigen Forschungsergebnisse vielversprechend aus- wenngleich sie derzeit nur an Mausmodellen (Tierversuchen) und in der Petrischale gewonnen wurden.

3.1.4 Phenole

Phenolische Verbindungen sind in vielen Pilzen und Pflanzen vorkommende Substanzen, die antioxidative Eigenschaften besitzen und somit vor Zellschäden schützen. Diese Verbindungen tragen zum Schutz der Leber bei, fördern die Durchblutung und wirken entzündungshemmend.

3.1.5 Flavonoide

Flavonoidartigen Verbindungen wirken nicht nur antioxidativ, sondern sind auch für ihre Rolle bei der Regulierung des Blutzuckerspiegels bekannt. Sie können helfen, die Insulinempfindlichkeit zu verbessern und den Zuckerstoffwechsel zu stabilisieren.

3.1.6 Fettsäuren

Der Birkenporling enthält auch eine Reihe von gesättigten und ungesättigten Fettsäuren, die in seiner heilenden Wirkung eine Rolle spielen. Besonders die Linolsäure, eine Omega-6-Fettsäure, die im Pilz vorhanden ist, hat entzündungs-hemmende Eigenschaften. Sie unterstützt das Immunsystem, hilft bei der Heilung von Hautwunden und fördert den Zellstoffwechsel.

3.1.7 Mineralstoffe und Spurenelemente

Obwohl der Birkenporling hauptsächlich aufgrund seiner bioaktiven Substanzen bekannt ist, enthält er auch eine Reihe von Mineralstoffen und Spurenelementen, die zur allgemeinen Gesundheit beitragen. Dazu gehören Kalium, Calcium, Magnesium und Eisen, die wichtig für den Elektrolythaushalt und die Zellfunktion sind.

Diese bioaktiven Substanzen machen den Birkenporling zu einem kraftvollen Heilmittel. Besonders die Kombination von Polysacchariden und Triterpenen verleiht dem Pilz eine breite Wirkung – von der Immunmodulation und

Entzündungshemmung bis hin zu antioxidativen und antimikrobiellen Effekten. Der Birkenporling ist ein Paradebeispiel für einen Naturstoff, dessen Wirkstoffe den Körper sowohl auf zellulärer als auch auf systemischer Ebene unterstützen und so die Gesundheit fördern.

3.2 Wissenschaft und Studienlage

Der Birkenporling ist nicht nur ein traditionelles Heilmittel, sondern hat auch die Aufmerksamkeit der wissenschaftlichen Gemeinschaft auf sich gezogen. Zahlreiche Studien wurden durchgeführt, um seine heilenden Eigenschaften und seine potenzielle Wirkung auf die menschliche (aber auch auf die tierische) Gesundheit zu untersuchen und etliche Eigenschaften sind damit endlich fundiert und belegt. Besonders bemerkenswert sind die Untersuchungen zur **Zytotoxizität** (die Fähigkeit, Zellen zu schädigen oder abzutöten), zur **Immunmodulation** und zu den **antimikrobiellen** sowie **antioxidativen** Effekten des Pilzes. Ein umfassender Überblick über die bisherigen wissenschaftlichen Studien zeigt, dass der Birkenporling tatsächlich vielversprechende medizinische Potenziale bietet, wenngleich er eine eher „andere Form" der Medizin darstellt, als wir sie kennen.

Vor allem einige spezifische Inhaltstoffe des Birkenporling haben es der Wissenschaft angetan, die mittels aufwändiger Verfahren isoliert und herausgelöst werden. Es konnte bisher unter anderem festgestellt werden, dass der Birkenporling nicht nur unterstützend, sondern vor allem als Wirkverstärker bei einigen Therapien genutzt werden kann, was ihn sicherlich in Zukunft zum Gamechanger im Kampf gegen bisher unheilbare Krankheiten machen könnte.

3.2.1 Therapeutische Anwendung

Die therapeutische Anwendung von Pilzen hat eine lange Tradition, die über 4000 Jahre zurückreicht und in vielen Kulturen weltweit verbreitet ist. Besonders in Asien wurde umfangreiches Wissen über Heilpilze gesammelt, und zahlreiche Quellen stammen aus China, Japan und Korea. Schon vor etwa 5300 Jahren trug die Gletschermumie „Ötzi" aus den Ötztaler Alpen Birkenporling bei sich, der als Abführmittel und Endoparasitikum (Wurmkur) verwendet wurde. (Unterschiedliche Studien zum Ötzi-Fund geben unterschiedliche Aussagen wider- eine besagt, sein Darm war von Peitschenwürmern besiedelt (was für die Ära, in der er lebte, nicht ungewöhnlich war), eine andere, er habe den Birkenporling an einer Halskette getragen. Daher lässt sich davon ausgehen, dass er den Birkenporling vermutlich „sowohl als auch" als Glücksbringer, sowie als „steinzeitliche Wurmkur" verwendet hat.
Ich denke, ich spreche für jeden, wenn ich behaupten würde, dass ich mich ohne Würmer im Bauch sehr wohl als Glückspilz bezeichnen würde.) Fakt ist: aus einem frischen Birkenporling lässt sich mit einem scharfen Messer problemlos ein Herzchen schnitzen- für die Halskette der Liebsten oder die

"Wurmkur to-go" vielleicht?

Im Mittelalter fand in den europäischen Klöstern eine umfassende Sammlung von Wissen über die heilende Wirkung von Pilzen statt. Die Benediktiner Mönche erkannten die Zusammenhänge zwischen den Einnahmezeiten von Pilzen und deren spezifischen Effekten. Sie wussten auch von der schamanischen Nutzung berauschender Pilze, die jedoch als heidnisch und teuflisch galt und daher geheim gehalten wurde.

Im Zeitalter von Google, YouTube und Facebook stehen diese „alten Weisheiten" allerdings wieder sehr hoch im Kurs und es ist mittlerweile weniger schwierig an Informationen zum Selbstexperimentieren mit Giftpilzen und Pilocybinen zu gelangen, um selbst andere Sphären oder die Notaufnahme zu betreten.
Selbst einige bekannte Rockstars können Erfahrungen im Gebrauch von muscimolhaltigen Pilzen vorweisen, auch Lewis Carroll, Autor von „Alice im Wunderland", gibt an, das Werk unter dem Einfluss von Fliegenpilzpräparaten geschrieben zu haben.

Doch was einerseits negativ behaftet als „Teufelszeug" abgetan wird, ist andererseits mikrodosiert dem anderen die Lebensrettung- vor allem baltische Kulturen wissen sehr wohl um die Vorzüge von Pilzgiften als Therapiemaßnahme und neuerdings boomen Werke über das sogenannte „Microdosing". Eigentlich eine unverständliche Sache: das Wissen war die ganze Zeit da, die Pilze auch- es geriet nur in Vergessenheit, weil es stattdessen verteufelt wurde. Die Dosis macht das Gift. (Paracelsus, 1538) Dieser Satz ist vermutlich nur geringfügig jünger als das Wissen um die Vorzüge von Pilzgiften.

3.2.2 Studienlage

In einer epidemiologischen Studie von 1972 bis 1986, die die Krebsinzidenz in der Region Nagano, Japan, mit 174.505 Teilnehmern untersuchte, wurde der Einfluss der Pilzernährung (hier: von Enoki-Pilzen) auf die Krebshäufigkeit analysiert. [1] Es zeigte sich, dass die Krebsraten bei Männern, die in der Pilzzucht tätig waren und daher regelmäßig Pilze konsumierten, etwa zwei Drittel niedriger waren als bei der allgemeinen Bevölkerung, bei Frauen war die Rate fast um die Hälfte gesenkt. [2] Aufgrund solcher Studien ist es nicht überraschend, dass in Japan über 90 % der Krebspatienten in der begleitenden Therapie auch Medizinalpilze erhalten. In Korea setzen etwa zwei Drittel aller Krebspatienten neben der konventionellen Medizin ebenfalls Heilpilze ein. [3]

Anmerkung der Autorin:
Als krebsvorbelastete Person scheint mir dieses Vorgehen wenig überraschend- häufig liegen Lösungen näher als man meint und offenbar haben „die da drüben" etwas verstanden, das uns noch fehlt.
Die Rektion deutscher Ärzte auf mich als einen etwas vorinformierten Menschen, der sich durchaus für Biohacking mithilfe von

Molekularmedizin, Sportprogrammen und einer „artgerechten" Ernährung begeistern kann, war hingegen eher für die Schublade. Zitat: „Hochdosiertes Vitamin C? Als nächstes kauen Sie noch Gänseblümchen und nehmen Selen?!"
Fakt ist: *der Krebs ist weg. Auch wenn die Ärzteschaft meint, sich diesen Erfolg alleine auf den eigenen Kittel dichten zu können. Und ich habe während der Krebstherapie ange-fangen Marathon zu laufen, anstatt leitliniengerecht erschöpft umzufallen. Kann man mal darüber sinnieren, während man sich meine Medaillen an der Wand beschaut.*

Meine Meinung heute? Es scheint geradezu en vogue geworden zu sein, Krebs zu haben oder gehabt zu haben. „Das hat man halt mal."

Nein, eben nicht. Das ist nicht normal.

3.2.2.1 Zytotoxische Wirkung des Birkenporlings

In einer umfassenden Literatur-übersicht von 2024 **[4]**, die die **zytotoxische Aktivität** von *Fomitopsis betulina* gegen normale und Krebszellen behandelt, wurde untersucht, inwieweit der Birkenporling das Wachstum von Krebszellen hemmen kann. Diese Studie fand heraus, dass der Birkenporling **signifikante** zytotoxische Effekte gegen verschiedene Krebszelllinien zeigt, insbesondere durch die Hemmung der Zellproliferation und die Induktion von Apoptose (programmierter Zelltod) in Tumorzellen. Die Studien deuteten darauf hin, dass bestimmte **Triterpene** und **Polysaccharide** im Pilz dafür verantwortlich sind, diese Wirkung zu erzielen. Diese Substanzen scheinen in der Lage zu sein, die Abwehrmechanismen von Krebszellen zu überwinden und deren Wachstum zu blockieren.

3.2.2.2 Birkenporlingextrakte in Tierversuchen

In mehreren Tierversuchen wurde die Wirkung des Birkenporlings untersucht, und die Ergebnisse zeigten vielversprechende Ergebnisse. Bei Hündinnen mit Gesäugetumoren **[5] [6]**, führte die orale Einnahme von Extrakten aus dem Birkenporling und anderen Pilzen zu einer Reduzierung der Tumore. Die Krebszellen reduzierten und lösten sich auf. Insgesamt ging es den Tieren besser, sie bekamen mehr Appetit und nahmen an Gewicht zu. Bei weiteren Untersuchungen mit Hündinnen, bei denen Tumore in der Vagina behandelt wurden, kam es ebenfalls zu einer Rückbildung der Tumore. **[7]**

Im Jahr 1995 zeigten Forscher, dass Ferkel während der Säugezeit weniger starben, nachdem sie mit Metaboliten (Stoffwechselprodukten) aus dem Birkenporling und einer speziellen Mischung aus Braunkohle behandelt wurden. Diese Behandlung half den Ferkeln auch, schneller zu wachsen. Es gab jedoch keinen Einfluss auf die Blutwerte der Tiere. **[8]**

In späteren Studien stellte man fest, dass der Birkenporling eine immunsuppressive Wirkung haben kann, was bedeutet, dass er die Immunreaktion der Tiere in bestimmten Fällen dämpft. In Tests an Ratten verursachte die orale Verabreichung von Extrakten aus dem Birkenporling keine Schäden am Kreislaufsystem. [9]

Trotz der positiven Ergebnisse in diesen Tierversuchen gibt es noch nicht viele Studien, die die Wirkung des Birkenporlings an Tieren bestätigen.

Zu diesen Studien sei angemerkt, dass es sich um Extrakte handelte, also um Lösungen, bei denen bestimmte Stoffe aus dem Birkenporling isoliert wurden. Nicht alle sind wasserlöslich, einige können nur in Alkohol, respektive Ethanol, Äther, etc. gelöst werden. Dennoch sind diese Ergebnisse vielversprechend für die Entwicklung zukünftiger „Medikamente" aus der Waldapotheke.

3.2.2.3 Antimikrobielle Wirkung

Ein weiteres wichtiges Forschungsfeld betrifft die antimikrobielle Wirkung des Birkenporlings. Mehrere Studien haben gezeigt, dass der Pilz eine starke Wirkung gegen eine Reihe von Bakterien, Pilzen und sogar Viren hat. So wurde in einer Untersuchung die Fähigkeit des Birkenporlings nachgewiesen, pathogene Bakterien zu hemmen, darunter *Escherichia coli* [10] und **Staphylococcus aureus**. Darüber hinaus wurde der Pilz auch als potenzielles Mittel gegen Pilzinfektionen wie *Candida albicans* identifiziert. Diese antimikrobielle Wirkung wird vor allem den Triterpenen und Phenolen zugeschrieben, die die Zellmembranen von Mikroben schädigen und so deren Vermehrung verhindern.

3.2.2.4 Immunmodulatorische Wirkung

Ein zentrales Thema in der Forschung zum Birkenporling ist auch seine immunmodulierende Wirkung. Studien haben gezeigt, dass der Birkenporling das Immunsystem auf verschiedene Weise stimuliert. Die Polysaccharide, insbesondere Beta-Glucane, aktivieren Immunzellen wie Makrophagen und T-Lymphozyten, die eine Schlüsselrolle im Immunsystem spielen. Durch diese Aktivierung werden die körpereigenen Abwehrkräfte gestärkt, was besonders bei der Bekämpfung von Infektionen und auch bei der Tumorabwehr von Bedeutung ist. In Tierversuchen zeigte der Birkenporling eine signifikante Verbesserung der Immunantwort, was auf sein Potenzial als Immunmodulator hinweist.

3.2.2.5 Antioxidative Wirkung

Die antioxidativen Eigenschaften des Birkenporlings wurden ebenfalls intensiv untersucht. Der Pilz enthält eine Vielzahl von antioxidativen Substanzen, die helfen, die schädlichen Auswirkungen von freien Radikalen zu neutralisieren und so vor oxidativem Stress zu schützen. Dies ist besonders wichtig, da oxidativer Stress eine wichtige Rolle bei der Entstehung von chronischen Erkrankungen wie Herz-Kreislauf-Erkrankungen, Diabetes und Krebs spielt. In mehreren Studien wurde gezeigt, dass die Triterpene und Phenolverbindungen im

Birkenporling effektiv freie Radikale abfangen und die Zellen vor oxidativen Schäden schützen können. Diese antioxidativen Eigenschaften tragen somit zu den zellschützenden und entzündungshemmenden Effekten des Pilzes bei.

3.2.2.6 Neuroprotektive Eigenschaften

Neuere Forschungen haben auch die neuroprotektiven Eigenschaften des Birkenporlings untersucht. Studien haben gezeigt, dass der Pilz positive Auswirkungen auf das zentrale Nervensystem hat, indem er das Wachstum von Nervenzellen fördert und so möglicherweise bei der Behandlung von neurodegenerativen Erkrankungen wie Alzheimer und Parkinson hilfreich sein könnte. Die in dem Pilz enthaltenen Polysaccharide und Triterpene wirken auf das Nervensystem, indem sie **entzündungshemmend** und antioxidativ wirken und so die Gesundheit der Nervenzellen unterstützen.

Die wissenschaftlichen Studien und Forschungsarbeiten zu *Fomitopsis betulina* zeigen ein vielversprechendes Potenzial des Birkenporlings und machen ihn zu einem wertvollen Kandidaten für die Entwicklung neuer naturheilkundlicher Therapieansätze.

Weiterführende Forschung ist erforderlich, um das vollständige Potenzial dieses Pilzes zu entschlüsseln und die klinischen Anwendungen weiter zu optimieren. Zusammenfassend legt der derzeitige Studienstand nahe, dass der Birkenporling nicht nur in der traditionellen Naturheilkunde eine bedeutende Rolle spielt, sondern auch als moderne Therapieoption zunehmend an Bedeutung gewinnt, insbesondere in der Prävention und Behandlung von chronischen Erkrankungen und Krebs.

Birkenporlinge könnten die Medizin revolutionieren.

4
VERWENDUNG DES BIRKENPORLINGS

Der Birkenporling hat sich in der Naturheilkunde als äußerst vielseitig erwiesen. Dank seiner einzigartigen Inhaltsstoffe, wie Polysacchariden, Triterpenen und Phenolen, wird der Pilz traditionell zur Unterstützung der Gesundheit und zur Behandlung von verschiedenen Krankheiten eingesetzt. Die Anwendung des Birkenporlings geht weit über die rein symptomatische Behandlung hinaus; er wurde und wird als ganzheitliches Heilmittel verwendet, das den Körper auf vielfältige Weise unterstützt.

Allerdings ist er nicht nur ein medizinisch wertvoller Pilz, sondern in seiner vielseitigen Struktur auch ein überraschend nützlicher Begleiter des Menschen. Neben seiner Funktion als Heilmittel fand er bereits in traditionellen Kulturen auf ganz andere Weise Anwendung: als Material für alltägliche Gebrauchsgegenstände und Werkzeuge.

4.1 Naturheilkundliche Verwendung

Die dicke, zähe Textur des Birkenporlings macht ihn besonders stabil und robust. Dieser dichte, aber dennoch leicht flexible Aufbau führte dazu, dass er bereits seit Jahrhunderten für handwerkliche Zwecke genutzt wurde. In alten Handwerksgemeinschaften und bei Waldläufern war der Birkenporling eine geschätzte Ressource, die sich für zahlreiche Zwecke eignete, interessanterweise sogar als sogenanntes „Waldläuferkaugummi"- denn ganz junge Birkenporlinge haben ähnliche Eigenschaften.

Einige Aussagen weisen sogar darauf hin, dass das Kauen von Birkenporlingen Karies reduzieren kann, da sie davon ausgehen, dass dieser durch eine Streptokokken Belastung in der Mundhöhle entsteht, die Kohlenhydrate aus der Nahrung aufschließt und somit eine bessere Anhaftung dieser an den Zahnschmelz ermöglicht, die letztlich zu Karies führt. Birkenporlinge haben möglicherweise die Eigenschaft, das zu verhindern.

4.2 Traditionelle Verwendung

Birkenporling als Schuhsohle und Polsterung

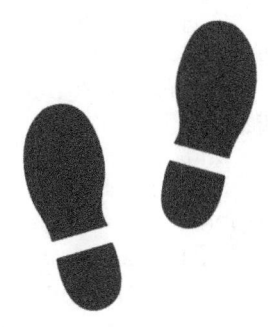

Wanderer und Jäger nutzten den Birkenporling traditionell als Einlage oder Sohle für ihre Schuhe. Die Pilze waren in Wäldern leicht zu finden und ließen sich mit ein paar Schnitten in die gewünschte Form bringen.

Der Birkenporling diente als dämpfende Schicht im Schuh, die den Fuß vor Kälte und Feuchtigkeit schützte. Besonders in feuchten oder kalten Regionen bot die pilzliche Schuhsohle einen natürlichen Isolator gegen die Nässe des Bodens und sorgte so für eine wärmere und trockenere Polsterung. Der zähe Pilz konnte zudem über längere Zeit standhalten, was ihn zum idealen Material für die Arbeit im Freien machte.

Schutz für Messer und Werkzeuge

Der Birkenporling fand auch Verwendung als Messerscheide. Seine dichte Struktur bot einer scharfen Klinge Schutz, und die leichte Flexibilität passte sich an das Werkzeug an. Indem man den Pilz passend zuschnitt und das Messer in ihn einlegte, erhielt man eine einfache, aber funktionelle Messerscheide, die das Messer vor äußeren Einflüssen schützte und zugleich dafür sorgte, dass die Klinge nicht stumpf wurde.

Einige Jäger und Handwerker gingen sogar so weit, den Birkenporling auch als Schleifhilfe zu nutzen. Durch das Reiben des Messers an der harten Außenseite des Pilzes konnte man die Klinge zwar nicht schärfen wie mit einem Schleifstein, aber doch ausreichend glätten, um ihre Schärfe im Notfall zu erhalten.

Birkenporling als Feuerstarter

Neben seiner Verwendung für Werkzeuge hatte der Birkenporling auch eine Rolle bei der Feuererzeugung. Getrocknete Stücke des Pilzes sind leicht entflammbar und brennen langsam und gleichmäßig, was sie zu einer hervorragenden Zunderquelle macht. Der Pilz war deshalb bei Abenteurern und Outdoor-Enthusiasten beliebt, die ihn als „natürliches Streichholz" nutzten. In Kombination mit einem Feuerstein oder bei leichtem Anzünden hielt der Birkenporling die Glut lange, sodass ein kleines Feuer sicher entfacht werden konnte.

Praktische Behälter und Schwämme

Der Pilz ließ sich aufgrund seiner kompakten Struktur auch zu kleinen Behältern formen. Schlitzt man ihn in der Mitte auf, konnte er leicht ausgehöhlt und als kleine Aufbewahrungsmöglichkeit für trockene Kräuter, Samen oder auch Pulver genutzt werden. Der Birkenporling war außerdem ein guter Schwammersatz.

Die poröse und gleichzeitig saugfähige Struktur eignete sich perfekt, um damit Wasser aufzunehmen. In alten Kulturen, in denen Zugang zu festen Schwämmen oder Tüchern beschränkt war, konnten so praktische Reinigungsarbeiten durchgeführt werden.

Polstermaterial und Füllmaterial

Aufgrund seiner weichen und elastischen Struktur wurde der getrocknete Birkenporling auch als Polstermaterial genutzt. Vor allem in kalten Regionen, in denen Polstermaterial schwer zu beschaffen war, eignete sich der Pilz hervorragend, um Kissen oder einfache Schlafunterlagen zu füllen. Da er gut isolierte und für ein leichtes Polster sorgte, wurde der Pilz oft für derartige Zwecke eingesetzt, um Wärme und Komfort zu schaffen. Auch in Hütten oder kleinen Unterständen wurde der Pilz als Füllmaterial verwendet, um Boden- und Wandpolsterung zu verbessern.

Verwendung als Wundauflage

Der Birkenporling war traditionell auch als Wundauflage beliebt. Da er leicht antiseptische Eigenschaften aufweist und die Fähigkeit hat, Feuchtigkeit aufzunehmen, wurde er bei oberflächlichen Verletzungen oder kleinen Schnitten verwendet. Die Poren des Pilzes konnten Sekrete aufnehmen, und seine weiche Oberfläche schützte die Wunde vor Reibung und Schmutz.

In Kombination mit anderen natürlichen Heilmitteln konnte der Pilz als eine Art „Verbandsmaterial" verwendet werden, besonders wenn kein anderer Schutz zur Hand war.

Insektenabwehr

In einigen Kulturen wurde der Birkenporling auch zur Abwehr von Insekten eingesetzt. Der Geruch des Pilzes scheint auf bestimmte Insektenarten eine abschreckende Wirkung zu haben. So wurden kleine Stücke des Pilzes um Schlafplätze oder Lagerplätze verteilt, um Insekten fernzuhalten. Auch in Kleidung oder Rucksäcken konnte der getrocknete Pilz als natürlicher Abwehrstoff gegen Mücken oder Ameisen helfen.

4.3 Innere Anwendung
4.3.1 Verdauungsprobleme

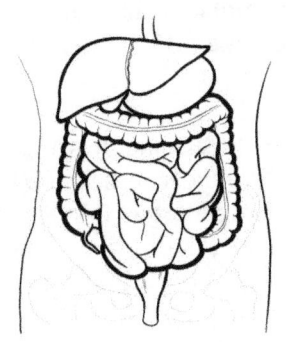

Der Birkenporling wird in der Naturheilkunde häufig zur Unterstützung des Verdauungssystems verwendet. Dank seiner antimikrobiellen und entzündungshemmenden Eigenschaften hilft er dabei, das Gleichgewicht der Darmflora zu fördern. Der Pilz kann bei einer Vielzahl von Verdauungsbeschwerden hilfreich sein:

Reizdarmsyndrom (RDS):

Der Birkenporling hat eine beruhigende Wirkung auf den Magen-Darm-Trakt und kann die Symptome des Reizdarmsyndroms lindern, wie etwa Blähungen, Bauchschmerzen und unregelmäßigen Stuhlgang. Die enthaltenen Polysaccharide und Triterpene haben entzündungshemmende Effekte, die die Darmschleimhaut schützen und die Funktion des Verdauungssystems verbessern können.

Verdauungsstörungen:

Bei Verdauungsstörungen wie Völlegefühl oder Sodbrennen kann der Birkenporling durch seine gallentreibende Wirkung unterstützen, die Galleproduktion anregen und so die Fettverdauung verbessern. Diese Wirkung ist besonders wichtig für Menschen, die Schwierigkeiten bei der Verdauung fetthaltiger Nahrungsmittel haben.

Magenschleimhautentzündungen (Gastritis):

Die entzündungshemmenden Eigenschaften des Birkenporlings wirken sich positiv auf entzündete Magenschleimhäute aus. Er fördert die Heilung von Gastritis und hilft, die Beschwerden wie Übelkeit, Sodbrennen und Schmerzen zu lindern.

Vor allem bei Sodbrennen hat sich die sogenannte **„Rollkur"** bewährt. Dabei wird der Birkenporling schluckweise als Tee getrunken. Nach jedem Schluck rollt man sich dann vom Rücken auf die Seite, auf den Bauch und wieder zurück, damit der Tee die Magenschleimhaut benetzt.

4.3.2 Immunschwäche und allgemeine Immunstärkung

Ein weiteres Anwendungsgebiet des Birkenporlings liegt in seiner Wirkung als **Immunmodulator**. Der Pilz stärkt das Immunsystem auf natürliche Weise und hilft dem Körper, sich gegen verschiedene Krankheiten zu verteidigen. Dies geschieht vor allem durch die Aktivierung von Immunzellen wie Makrophagen und T-Lymphozyten, die eine entscheidende Rolle im Kampf gegen Krankheitserreger spielen.

Krebs

Einige Studien, wie die oben erwähnten, legen nahe, dass der Birkenporling durch seine zytotoxischen Eigenschaften, also der Fähigkeit, Krebszellen abzutöten, einen positiven Einfluss auf Krebspatienten haben kann. In der begleitenden Krebstherapie wird der Pilz häufig eingesetzt, um das Immunsystem zu unterstützen und den Körper in seiner Fähigkeit zur Bekämpfung von Krebszellen zu stärken. Besonders die in ihm enthaltenen Betulinsäure und Polysaccharide zeigen in Tierversuchen und ersten klinischen Studien eine positive Wirkung.

Schwaches Immunsystem

Bei chronischen Erkrankungen, Ermüdung oder anderen Zuständen, die das Immunsystem schwächen, kann der Birkenporling durch seine immunstimulierende Wirkung helfen, die Abwehrkräfte zu stärken. Besonders in der kalten Jahreszeit, wenn Erkältungen und Grippeviren besonders aktiv sind, kann die regelmäßige Einnahme des Pilzes helfen, Infektionen vorzubeugen.

4.3.3 Hauterkrankungen und Wundheilung

Der Birkenporling ist aufgrund seiner antimikrobiellen und entzündungshemmenden Eigenschaften auch ein wertvolles Heilmittel bei Hautproblemen. Traditionell wird er bei der Behandlung von Hautkrankheiten und zur Förderung der Wundheilung eingesetzt.

Akne

Der Birkenporling hat aufgrund seiner antimikrobiellen Wirkung das Potenzial, Akne und andere Hautentzündungen zu behandeln. Er hilft, die übermäßige Talgproduktion zu regulieren und beugt der Entstehung von Pickeln und Pusteln vor, indem er Bakterien und Pilze, die Entzündungen verursachen, abtötet.

Wundheilung

Der Pilz fördert die Heilung von Wunden, indem er die Durchblutung anregt und Entzündungen hemmt. Durch die verbesserte Durchblutung können Nährstoffe und Sauerstoff schneller an die betroffenen Hautstellen gelangen, was die Heilung beschleunigt. So kann ein frischer Birkenporling in feine Streifen geschnitten und auf die Wunde aufgelegt werden, um Blutungen zu stoppen und antibiotisch einzuwirken, um zu verhindern, dass die Wunde sich entzündet.

Ekzeme und Dermatitis

Bei entzündlichen Hauterkrankungen wie Ekzemen oder Dermatitis kann der Birkenporling helfen, die Haut zu beruhigen und den Heilungsprozess zu beschleunigen. Seine entzündungshemmenden Wirkstoffe lindern die Rötungen, Juckreiz und Schuppung, die mit diesen Erkrankungen einhergehen.

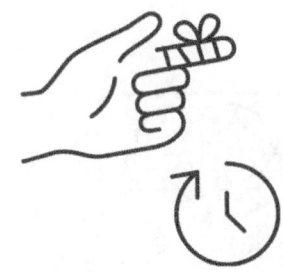

4.3.4 Kognitive Gesundheit und Neuroprotektion

Der Birkenporling erregt zunehmend Interesse in der wissenschaftlichen Forschung, da erste Studien seine potenziellen positiven Wirkungen auf das Nervensystem und die kognitive Gesundheit beleuchten. Einige Untersuchungen deuten darauf hin, dass der Pilz aufgrund seiner antioxidativen, entzündungshemmenden und immunmodulierenden Eigenschaften nicht nur das allgemeine Wohlbefinden fördern, sondern auch bei neurodegenerativen Erkrankungen wie Alzheimer und Parkinson hilfreich sein könnte. Die aktiven Inhaltsstoffe des Birkenporlings könnten dabei eine schützende Rolle für Nervenzellen einnehmen, indem sie oxidative Schäden reduzieren und entzündliche Prozesse im Gehirn abmildern.

Gedächtnis und Konzentration

Die antioxidativen und neuroprotektiven Eigenschaften des Birkenporlings könnten helfen, das Gedächtnis und die Konzentration zu verbessern. Der Pilz könnte bei der Behandlung von Alzheimer und Parkinson unterstützend wirken, indem er schädliche Ablagerungen im Gehirn reduziert und die Funktion der Nervenzellen schützt.

Stress und Angst

Der Birkenporling hat auch beruhigende Eigenschaften, die helfen können, Stress zu reduzieren und die Stimmung zu stabilisieren. Dies macht ihn zu einem potenziellen natürlichen **Adaptogen**, das den Körper bei der Bewältigung von stressigen Situationen unterstützt und die geistige Gesundheit fördert.

4.3.5 Antioxidativer Schutz und Entzündungshemmung

Die antioxidativen Eigenschaften des Birkenporlings bieten einen umfassenden Schutz gegen oxidativen Stress, der durch freie Radikale verursacht wird. Diese freien Radikale sind mit vielen chronischen Erkrankungen und dem Alterungsprozess verbunden.

Alterungsprozesse

Die antioxidativen Substanzen im Birkenporling helfen, Zellschäden zu verhindern, die durch oxidative Prozesse entstehen. Dadurch kann der Pilz dabei helfen, den Alterungsprozess zu verlangsamen und altersbedingten Erkrankungen wie Herzkrankheiten und Krebs vorzubeugen.

Für Menschen ohne spezifische neurodegenerative Erkrankungen, die jedoch ihre kognitiven Fähigkeiten im Alter erhalten möchten, kann der Birkenporling ebenfalls nützlich sein. Seine antioxidativen und entzündungshemmenden Eigenschaften unterstützen die Gesundheit der Gehirnzellen und tragen möglicherweise zur Vorbeugung gegen altersbedingte mentale Beeinträchtigungen bei.

Zudem könnte er das allgemeine Wohlbefinden fördern, indem er Entzündungen mindert und antioxidative Schutzmechanismen im Körper unterstützt.

Entzündungen

Die entzündungshemmenden Eigenschaften des Pilzes wirken gegen chronische Entzündungen, die als Grundlage für viele Krankheiten wie Arthritis, Herz-Kreislauf-Erkrankungen und Diabetes gelten. Die regelmäßige Einnahme von Birkenporling kann dazu beitragen, diese Entzündungsprozesse zu mildern und das allgemeine Wohlbefinden zu fördern.

Weitere neurodegenerative Erkrankungen

Auch bei anderen neurodegenerativen Erkrankungen, wie beispielsweise der Amyotrophen Lateralsklerose (ALS) und der Huntington-Krankheit, wird derzeit erforscht, ob Pilze wie der Birkenporling mit ihren immunmodulierenden und zellschützenden Eigenschaften eine positive Wirkung haben könnten. In den frühen Studien zur Mykotherapie konnte gezeigt werden, dass bestimmte Pilze Entzündungen und Zellabbauprozesse im Gehirn abmildern können. Dies ist besonders bei Erkrankungen relevant, die durch fortschreitende Schädigung und Verlust von Nervenzellen gekennzeichnet sind.

4.3.6 Nebenwirkungen und Kontraindikationen

Der Birkenporling gilt aufgrund seiner natürlichen Inhaltsstoffe und jahrhundertealten Verwendung als Heilpilz **allgemein als sicher**. Dennoch gibt es einige Punkte, die bei der Anwendung, besonders in therapeutischer Dosierung, beachtet werden sollten. Wie bei jeder naturheilkundlichen Behandlung können Nebenwirkungen auftreten, und es gibt bestimmte Personengruppen, die auf den Gebrauch des Pilzes verzichten sollten.

Die folgenden Hinweise helfen, den Birkenporling verantwortungsvoll und sicher einzusetzen. In der Regel wird der Birkenporling gut vertragen. Manche Anwender können jedoch, besonders zu Beginn der Einnahme oder bei höheren Dosierungen, leichte Nebenwirkungen erfahren, die in der Regel unbedenklich und vorübergehend sind:

Magen-Darm-Beschwerden

Aufgrund seiner kräftigen Bitterstoffe kann der Birkenporling bei empfindlichen Personen zu Magenreizungen, Übelkeit oder Durchfall führen. Diese Symptome klingen meist ab, wenn die Dosierung schrittweise gesteigert wird, statt den Körper sofort mit einer hohen Menge zu belasten.

Kopfschmerzen und Schwindel

Insbesondere bei empfindlichen Personen kann es nach der Einnahme zu Kopfschmerzen oder leichtem Schwindel kommen. Diese Effekte treten jedoch selten auf und verschwinden meist nach kurzer Zeit.

Allergische Reaktionen

Auch wenn selten, können allergische Reaktionen wie Hautausschlag oder Juckreiz auftreten. Menschen, die auf andere Pilze allergisch reagieren, sollten vorsichtig mit der Einnahme beginnen und auf mögliche Reaktionen achten.

In den meisten Fällen sind diese Nebenwirkungen mild und klingen nach einigen Tagen oder Wochen ab, sobald sich der Körper an die Einnahme gewöhnt hat. Auch können diese Beschwerden auftreten, wenn der Birkenporling **verwechselt** wurde.

Kontraindikationen

Der Birkenporling enthält bioaktive Substanzen, die in bestimmten Fällen problematisch sein können. Folgende Personengruppen sollten daher auf die Einnahme des Birkenporlings verzichten oder sie nur unter ärztlicher Aufsicht durchführen:

Menschen mit empfindlichem Magen-Darm-Trakt

Der Birkenporling hat eine anregende Wirkung auf das Verdauungssystem, was bei Personen mit Magen-Darm-Erkrankungen wie Gastritis, Reizdarmsyndrom oder chronischem Durchfall zu Unwohlsein führen kann. Es ist ratsam, die Einnahme in kleinen Dosen zu beginnen oder gegebenenfalls auf andere Heilpilze auszuweichen.

Schwangere und Stillende

Da es bisher nur wenige Studien zur Wirkung des Birkenporlings während der Schwangerschaft und Stillzeit gibt, sollten schwangere und stillende Frauen vorsichtshalber auf seine Einnahme verzichten.

Nierenprobleme

Menschen mit Nierenproblemen sollten vor der Anwendung von Birkenporlingprodukten einen Arzt oder Heilpraktiker konsultieren.

Kleinkinder und Säuglinge

Für die Anwendung des Birkenporlings bei sehr jungen Kindern gibt es bisher kaum wissenschaftliche Daten, daher wird geraten, den Pilz bei Kindern unter drei Jahren nicht anzuwenden. Bei älteren Kindern sollte die Dosierung entsprechend reduziert und vorher ärztlich abgesprochen werden.

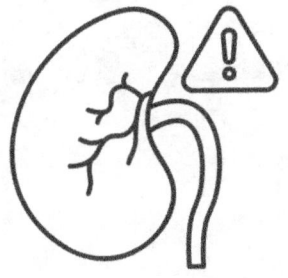

4.3.6.1 Wechselwirkungen mit Medikamenten

Es ist wichtig, mögliche Wechselwirkungen mit Medikamenten zu berücksichtigen, insbesondere wenn der Birkenporling in therapeutischen Dosen angewendet wird:

Blutverdünner

Da der Birkenporling potenziell eine blutverdünnende Wirkung hat, sollten Menschen, die bereits blutverdünnende Medikamente wie Warfarin oder Aspirin einnehmen, vorsichtig sein. Der Pilz könnte die Wirkung dieser Medikamente verstärken und das Blutungsrisiko erhöhen.

Immunsuppressiva

Patienten, die Immunsuppressiva einnehmen, wie z. B. nach einer Organtransplantation, sollten auf den Birkenporling verzichten, da seine immunstimulierenden Eigenschaften die Wirkung der Medikamente beeinträchtigen könnten.

Antidiabetika

Der Birkenporling könnte möglicherweise eine blutzuckersenkende Wirkung haben. Menschen mit Diabetes, die blutzuckersenkende Medikamente einnehmen, sollten ihre Blutzuckerwerte regelmäßig überwachen, um das Risiko einer Hypoglykämie zu vermeiden.

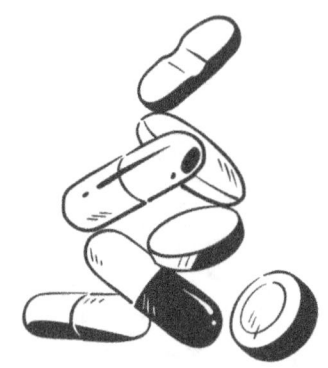

Anwendungsempfehlungen für eine sichere Einnahme

Um mögliche Nebenwirkungen und Risiken zu minimieren, sollten einige grundlegende Empfehlungen beachtet werden:

1. Langsame Dosierung

Die Einnahme sollte immer mit einer niedrigen Dosierung beginnen und allmählich gesteigert werden, damit der Körper sich an den Pilz gewöhnen kann. Dies kann Nebenwirkungen wie Magen-Darm-Beschwerden oder Kopfschmerzen vorbeugen.

2. Regelmäßige Überwachung

Bei längerer Einnahme oder bei Personen mit Vorerkrankungen empfiehlt es sich, die Gesundheitswerte regelmäßig ärztlich überwachen zu lassen, um mögliche Nebenwirkungen frühzeitig zu erkennen.

3. Kombination mit anderen Heilpilzen

Der Birkenporling wird häufig in Kombination mit anderen Vitalpilzen wie dem Reishi oder dem Chaga angewendet. Dies kann die Wirksamkeit der Therapie steigern, erfordert jedoch eine sorgfältige Dosierung, um die richtige Kombination und Menge sicherzustellen.

4. Pausen einlegen

Nach einigen Wochen der Anwendung kann es sinnvoll sein, eine Pause von ein bis zwei Wochen einzulegen. So kann sich der Körper erholen, und die Wirksamkeit des Pilzes bleibt erhalten.

Zusammenfassend lässt sich sagen, dass der Birkenporling für die meisten Menschen und Tiere sicher und wohltuend sein kann, wenn er verantwortungsvoll und in der richtigen Dosierung angewendet wird. Es ist jedoch wichtig, sich möglicher Nebenwirkungen bewusst zu sein, die Anwendung den individuellen Bedürf-nissen anzupassen und gegebenenfalls ärztlichen Rat einzuholen. Der Birkenporling hat ein großes Potenzial das Wohlbefinden auf natürliche Weise zu fördern – eine achtsame und informierte Anwendung ist jedoch der Schlüssel zu einer erfolgreichen Therapie.

5
BIRKENPORLING IN DER TIERHEILKUNDE

Die Mykotherapie, die therapeutische Anwendung von Pilzen, hat in den letzten Jahrzehnten nicht nur in der Humanmedizin, sondern auch in der Tierheilkunde zunehmend an Bedeutung gewonnen. Gerade der Birkenporling, ein Pilz mit vielfältigen bioaktiven Inhaltsstoffen, wird heute verstärkt für Tiere eingesetzt und knüpft dabei an traditionelle Anwendungen an, die ihn seit Jahrhunderten als Heilmittel bekannt machten.

5.1 Mykotherapie damals und heute
5.1.2 Traditionelle Verwendung

In der Volksmedizin Nordeuropas und Asiens, wo der Birkenporling seit jeher als Heilmittel geschätzt wurde, ist bekannt, dass er in der Vergangenheit auch zur Behandlung von Tieren verwendet wurde. Besonders bei Nutztieren wie Pferden und Rindern kam der Pilz zum Einsatz, um Verdauungsprobleme zu lindern, Parasiten zu bekämpfen und das allgemeine Wohlbefinden der Tiere zu fördern.

Eine der häufigsten traditionellen Anwendungen war die Verwendung des Birkenporlings als „natürliches Entwurmungsmittel".

Die indigenen Völker Sibiriens und Nordeuropas verabreichten getrocknete und pulverisierte Birkenporlingstücke, um innere Parasiten bei Tieren zu reduzieren.

In archäologischen Funden gibt es Hinweise darauf, dass der Birkenporling bereits vor vielen Jahrhunderten als Bestandteil von Heilmitteln für Tiere diente. Seine antiseptischen und entzündungshemmenden Eigenschaften machten ihn zu einem vielseitig einsetzbaren Pilz, der Infektionen in Wunden verhindern und Hauterkrankungen lindern konnte. Auch in Wunden und Bissverletzungen von Nutztieren wurde der Pilz als Verbandmaterial genutzt, um die Heilung zu beschleunigen und bakterielle Infektionen zu verhindern.

5.1.3 Kombinierte Mykotherapie

Kombiniert mit anderen Verfahren aus der Naturheilkunde können Vitalpilze häufig ohne Probleme begleitend angewendet werden, auch eine schulmedizinische Behandlung kann davon profitieren.

Vor allem nach Antibiosen oder Impfungen sind Vitalpilze in der Lage, überschießende Immunreaktionen zu dämpfen und die körperliche Konstitution zu kräftigen. [11] Allerdings sind Vitalpilze nicht immer für jedes Tier geeignet und können Nebenwirkungen hervorrufen, weswegen vor der Anwendung abgeklärt sein sollte, ob eine *Idiosynkrasie*, also eine Allergie auf Pilzeiweiße, vorliegt.

Auch bei Nierenproblemen oder speziellen Medikationen wie beispielswiese **ACE-Hemmern** sollte eine Verwendung von Vitalpilzen aufgrund der enthaltenen Oxalat- und Kaliumgehalte nur in Rücksprache und unter Aufsicht mit einem Tierarzt stattfinden, bzw. im letzteren Fall wegen des Risikos einer Hyperkalämie gar nicht erst begonnen werden. [11]

5.2 Bioaktive Stoffe

Der Birkenporling enthält eine Vielzahl von Inhaltsstoffen, die sich positiv auf die Gesundheit von Tieren auswirken können:

Polysaccharide und Beta-Glucane

Diese Substanzen sind immunmodulierend und können das Immunsystem sowohl bei Menschen als auch bei Tieren stimulieren. Bei Tieren, die unter chronischen Infektionen oder Immunschwäche leiden, helfen sie, die Immunabwehr zu stärken.

Triterpene

Diese Stoffe sind bekannt für ihre entzündungshemmenden und antioxidativen Eigenschaften und werden in der Tiermedizin verwendet, um Entzündungen zu reduzieren und die Zellgesundheit zu fördern.

Antioxidantien

Die antioxidativen Eigenschaften des Pilzes können das Zellgewebe vor oxidativem Stress schützen, was insbesondere für ältere Tiere oder Tiere unter Stressbelastung förderlich ist.

Diese Inhaltsstoffe machen den Birkenporling zu einem vielversprechenden Mittel für die Behandlung und Unterstützung bei einer Vielzahl von gesundheitlichen Problemen bei Tieren.

5.3 Moderne Mykotherapie für Tiere

Die moderne Mykotherapie baut auf den traditionellen Erkenntnissen über Heilpilze auf und hat sich zunehmend wissenschaftlich weiterentwickelt. Heute findet der Birkenporling bei Haustieren wie Hunden, Katzen und sogar bei Pferden und Kaninchen Anwendung. Die Wirkung des Pilzes wird bei verschiedenen gesunheitlichen Herausforderungen genutzt:

Stärkung des Immunsystems

Der Birkenporling wird bei Tieren eingesetzt, die eine geschwächte Immunabwehr haben oder besonders anfällig für Infektionen sind. Die immunmodulierenden Eigenschaften des Pilzes helfen, die körpereigenen Abwehrkräfte zu aktivieren und stärken das Immunsystem gegen Krankheitserreger.

Verdauungsprobleme und Entwurmung

Verdauungsbeschwerden wie Blähungen, Durchfall und Verstopfung können bei vielen Tierarten mit Birkenporling gelindert werden. In der traditionellen Tierheilkunde wurde er oft gegen innere Parasiten verwendet, was sich auch heute noch in der Mykotherapie für Haustiere und Nutztiere bewährt.

Unterstützung bei Hauterkrankungen

Der Birkenporling wirkt entzündungshemmend und antimikrobiell, weshalb er bei Tieren mit Hautproblemen, Ekzemen oder Hot Spots erfolgreich eingesetzt wird. Das Pulver des Birkenporlings kann äußerlich aufgetragen oder in die Nahrung des Tieres gemischt werden, um entzündliche Prozesse in der Haut zu lindern und die Heilung zu fördern.

Entzündungshemmung bei Gelenkbeschwerden

Besonders ältere Hunde und Katzen, die unter Arthritis oder anderen Gelenkerkrankungen leiden, profitieren von der entzündungs-hemmenden Wirkung des Birken-porlings. Triterpene und andere Inhaltsstoffe des Pilzes können die Gelenkentzündungen mindern und so die Mobilität und Lebensqualität des Tieres verbessern.

5.3.1 Anwendungsmöglichkeiten

Der Birkenporling kann in verschiedenen Formen verabreicht werden, um die bestmögliche Wirkung bei Tieren zu erzielen. Häufig wird er als Pulver oder Extrakt dem Futter beigemischt. Einige Tierhalter nutzen auch Teeaufgüsse, die abgekühlt ins Trinkwasser gegeben oder direkt ins Maul getropft werden- hier können die Stoffe bereits über die Maulschleimhaut aufgenommen werden. Wichtig ist, dass die Verabreichung des Pilzes an die Größe und das Gewicht des Tieres angepasst wird, um Überdosierungen aber auch um Kontraindikationen zu vermeiden.

Allgemein

Die Verwendung von Pilzpulvern oder Pilzextrakten sowie deren Dosierung ist immer auch abhängig von der Art, Größe und Gewicht des Tieres sowie der Art der Erkrankung. Daher ist es sinnvoll, einen Tierheilpraktiker mit dem Zusatz Mykotherapie mit der Einschätzung zu betrauen.

In der praktischen Anwendung kann der Birkenporling auch **äußerlich** genutzt werden. Hierfür wird das Pulver des Pilzes mit etwas Wasser zu einer Paste vermischt und auf entzündete Hautstellen oder kleinere Wunden aufgetragen, um die Heilung zu fördern und bakterielle Infektionen zu verhindern.

Häufig wirkt der Birkenporling auch **kombiniert** mit anderen Vitalpilzen zusammen, weswegen es außerdem zielführend ist, fachlichen Rat zu suchen. Auch Pilze lösen eine teilweise **starke Entgiftungsreaktion** und **Erstverschlimmerung** aus, weswegen diese häufig eingeschlichen und im Nachgang in der Dosis erhöht werden.

Vor allem bei Krankheitsbildern wie Krebs werden Vitalpilze oft schon von Beginn an sehr hoch dosiert, weswegen diese Form der Therapie in **kundige Hände** gehört.

Der Birkenporling wurde und wird auch in der Tierheilkunde verwendet.

Perspektiven in der Mykotherapie für Tiere

Die Forschung zum Einsatz von Heilpilzen bei Tieren steht noch am Anfang, zeigt jedoch bereits vielversprechende Ergebnisse. Zukünftig könnten weitere Anwendungen des Birkenporlings in der Tiermedizin erforscht und neue therapeutische Einsatzmöglichkeiten entdeckt werden. So wird erwartet, dass sich die Forschung vermehrt auf die Wirkung des Birkenporlings gegen Tumore bei Haustieren konzentriert, insbesondere aufgrund der bisherigen Erkenntnisse aus der Onkologie des Menschen.

Krebserkrankungen beim Hund häufen sich.

Die Mykotherapie bei Tieren eröffnet ein faszinierendes Feld, das traditionelle Anwendungen und moderne Forschung miteinander verbindet. Der Birkenporling ist hierbei ein wertvoller Heilpilz, dessen bioaktive Inhaltsstoffe sowohl für das Immunsystem als auch für die allgemeine Vitalität von Tieren von großem Nutzen sind. Einige Tierheilpraktiker haben sich bereits auf die Mykotherapie spezialisiert, sodass diese gute Ansprechpartner für eine alternative Therapie sind.

Die Forschung zeigt vielversprechende Ergebnisse.

DER BIRKENPORLING IM ALLTAG

Der Birkenporling ist ein wahres Multitalent. Nicht nur in der Naturheilkunde wird er geschätzt, sondern auch im Alltag finden sich zahlreiche Möglichkeiten, die Vorzüge dieses besonderen Pilzes zu nutzen. Seine wertvollen Inhaltsstoffe machen ihn zu einem natürlichen Gesundheitshelfer, der in verschiedenen Formen angewendet werden kann. Mit ein wenig Wissen und einigen einfachen Schritten lassen sich aus dem Birkenporling wirkungsvolle Produkte herstellen – von wärmenden Tees bis hin zu heilenden Tinkturen. In diesem Kapitel zeigen wir, wie der Birkenporling praktisch in den Alltag integriert werden kann und welche Rezeptideen sich zur Förderung von Gesundheit und Wohlbefinden eignen.

6.1 Birkenporlinge sammeln und vorbereiten

Geeignete Birkenporlinge haben eine feste Huthaut, die sich sehr einfach ankratzen lässt und eine schneeweiße bis cremefarbene Unterseite haben. Um Verwechslungen zu vermeiden lohnt es sich, den Birkenporling herum zu drehen und zu versuchen, die Porenschicht von der Anwachsstelle abzulösen. Bei anderen Baumpilzen ist das eher nicht möglich. Auch bleibt der Birkenporling weiß und verfärbt sich nicht, wenn er eingedrückt wird und nimmt wieder seine ursprüngliche Form an. Er sollte beim **Sammeln** noch **weich** und **biegsam** sein und lässt sich meist durch leichtes drehen vom Baum lösen - ein Indiz das bei anderen Baumpilzen eher nicht gegeben ist.

Die Porenschicht lässt sich ganz einfach ablösen.

Das ist bei anderen Baumpilzen eher nicht möglich.

Der frische Birkenporling sollte am besten **umgehend weiterverarbeitet** werden, spätestens aber am nächsten Tag, ansonsten härtet er aus und ist danach fast nicht mehr „klein zu kriegen". Einige verwenden für ausgehärtete Exemplare eine Küchenreibe. Für gewöhnlich reicht einfaches abreiben oder abpinseln, ein abwaschen ist nicht erforderlich und führt meist auch eher zu einer noch längeren Trockenzeit. Dann wird er mit einem sehr scharfen Messer in **feine** Streifen geschnitten, manchmal kann auch ein Brotmesser nützlich sein. Die Anwuchsstelle wird verworfen, ebenso werden alle Fraßspuren herausgeschnitten. Der Birkenporling kann beim Schneiden **quietschen** und verliert durchaus Flüssigkeit.

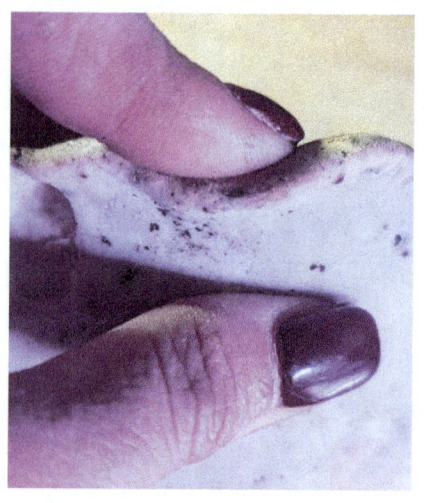

Frische Birkenporlinge lassen sich biegen.

Fraßspuren sollten herausgeschnitten werden.

Die Anwuchsstelle wird verworfen, sie ist holzig.

Um die Pilzstreifen zu trocknen gibt es mehrere Möglichkeiten.

Einige legen die Streifen auf ein mit Backpapier ausgelegtes **Backblech** auf die Heizung oder den **Kachelofen**, andere verwenden den Backofen auf 50°C und klemmen einen Kochlöffel in die Ofentür, die **Heißluftfritteuse** oder ein **Dörrgerät**- was die schnellste Variante darstellt. Ein Trocknen in der Mikrowelle ist nicht zu empfehlen.

Erst wenn die Streifen sich mit deutlichem **Knacken** vollständig durchbrechen lassen, sind sie fertig. Solange sie beim brechen noch zu kleinen Teilen aneinanderhängen oder sich gar biegen lassen, besteht das Risiko, dass sie später schimmeln. Um außerdem zu verhindern, dass der Vorrat an Birkenporlingen Insekten anzieht, können ein paar **Pfefferkörner** mit in den Aufbewahrungsbeutel gegeben werden. Auch ist das Aufteilen auf mehrere kleineren Portionen sinnvoll, damit im Falle des Falles nicht die gesamte Ernte verworfen werden muss.

Ein **hygienisches Arbeiten** mit sauberem Kochgeschirr und sauberen Händen oder Handschuhen sollte selbstverständlich sein, ebenso ein konsequentes Aussortieren nicht geeigneter Pilzstücke.

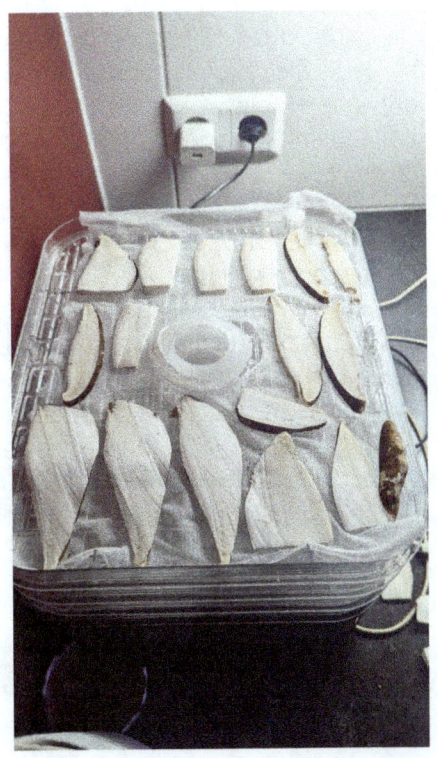

Im Dörrautomat trocknet es am schnellsten.

Hygiene beim Umgang sollte selbstverständlich sein.

6.2 Birkenporlingpulver herstellen

Die getrockneten Pilzstücke werden in sehr kleine Teile gebrochen und entweder im Mörser, einer Kaffeemühle oder mit einem leistungsstarken Mixer pulverisiert. Das Birkenporlingspulver ist äußerst staubig und fluffig, es erinnert entfernt an Styroporkügelchen.

Ein Mundschutz kann sinnvoll sein bei der Verarbeitung. Das Pulver kann in dunkle Gläser abgefüllt werden und sollte luftdicht und dunkel gelagert werden, es ist ungefähr 6-8 Monate haltbar, danach reduzieren sich die Inhaltsstoffe in ihrer Wirkung.

Tipp: Das Pulver erst zur weiteren Verwendung frisch aus getrockneten Pilzscheiben herstellen.

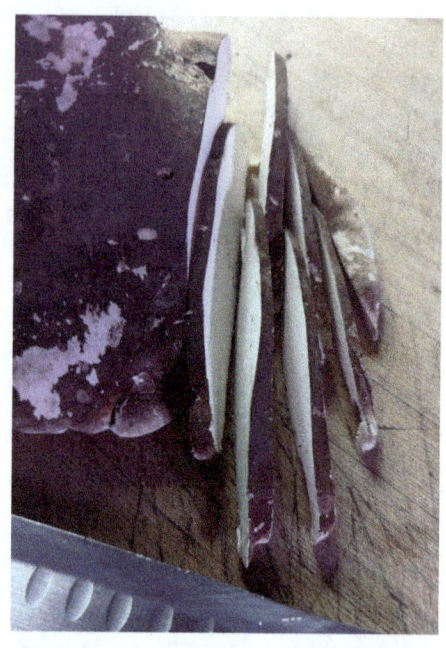
Der Pilz wird in sehr feine Streifen geschnitten.

Das Pilzpulver ist sehr fein und leicht.

6.3 Rezepte für Tees, Tinkturen und Salben

Die Zubereitung von Birkenporling-Produkten ist unkompliziert und benötigt nur wenige Zutaten. Je nach Ziel der Anwendung können unterschiedliche Rezepte für Tees, Tinkturen oder auch Pulver verwendet werden. Hier einige bewährte Rezeptideen und Anleitungen:

Frische Birkenporlinge sondern Flüssigkeit ab.

6.3.1 Birkenporling-Tee

Birkenporling-Tee ist eine der einfachsten und effektivsten Methoden, um die gesundheitlichen Vorteile des Pilzes zu genießen. Er eignet sich besonders bei Verdauungsbeschwerden, Immunschwäche und als täglicher Energiebooster. Der Tee hat einen leicht erdigen Geschmack, der durch Zugabe von Honig oder Kräutern wie Minze abgerundet werden kann. Die Eigenschaften des Pilzes verändern sich dadurch nicht. **Der Tee gilt als sicheres Lebensmittel**, da potentielle Krankheitserreger durch die Zubereitung eliminiert werden.

Der Tee gilt als sicheres Lebensmittel.

Zutaten

- 1 bis 2 Scheiben getrockneter Birkenporling (alternativ etwa 1 Esslöffel grob gemahlener Pilz)
- 500 ml Wasser
- Honig oder Kräuter nach Wahl (optional)

Anwendung

Der Birkenporling-Tee kann je nach Bedarf täglich oder als Kur über einige Wochen hinweg getrunken werden. Er wirkt sanft stimulierend und unterstützt den Körper auf natürliche Weise.

Die Pilzscheiben können nach der Zubereitung getrocknet und erneut ausgekocht werden. Das ist so oft möglich, bis der Geschmack entsprechend fade wird, dann sollten sie erneuert werden.

Zubereitung

1. Die getrockneten Pilzscheiben oder das Pilzpulver in einen kleinen Topf mit Wasser geben und auf mittlerer Hitze zum Kochen bringen.

2. Sobald das Wasser kocht, die Hitze reduzieren und den Tee etwa 20 bis 30 Minuten köcheln lassen. Diese lange Ziehzeit ist notwendig, damit die wertvollen Inhaltsstoffe vollständig extrahiert werden.

3. Nach der Kochzeit den Tee abseihen und, wenn gewünscht, mit einem Löffel Honig oder etwas frischer Minze verfeinern.

4. Der Tee kann heiß oder auch kalt genossen werden. Er sollte möglichst frisch getrunken werden, kann aber für einige Stunden im Kühlschrank aufbewahrt werden.

6.3.2 Birkenporling-Tinktur

Eine Birkenporling-Tinktur ist eine konzentrierte Form, um die Wirkstoffe des Pilzes zu nutzen. Die Tinktur eignet sich besonders für Menschen, die einen geschwächten Magen haben und auf eine starke Unterstützung des Immunsystems angewiesen sind. Sie ist einfach herzustellen, jedoch benötigt sie einige Wochen, um durchzuziehen.

Da einige Inhaltsstoffe nur mit Alkohol löslich sind, ist die **Mazeration** eine weitere Möglichkeit, von allen Eigenschaften des Birkenporlings zu profitieren. Für Schwangere, Stillende, Kinder und Menschen, die keinen Alkohol vertragen ist diese Form nicht zu empfehlen. Durch eine Extraktion in Alkohol, sowie eine weitere in Wasser, die anschließend zusammen gerührt werden, lässt sich vom großen Spektrum dieses Vitalpilzes noch besser profitieren.

Tipp: Durch das vorherige Mahlen des Birkenporlings wird die Oberfläche des Pilzes erhöht, wodurch sich mehr Stoffe lösen lassen.

Die Scheiben können ebenfalls als Tee zubereitet werden.

Zutaten

- 100 g getrockneter Birkenporling, grob geschnitten oder gemahlen
- 500 ml hochprozentiger Alkohol (mind. 40 %, z. B. Wodka oder Korn)

Zubereitung

1. Den getrockneten Birkenporling in Scheiben geschnitten in ein sauberes Glasgefäß geben und mit dem Alkohol übergießen, sodass der Pilz vollständig bedeckt ist.

2. Das Gefäß verschließen und an einem kühlen, dunklen Ort mindestens 4 bis 6 Wochen ziehen lassen. In dieser Zeit sollten die Inhaltsstoffe des Birkenporlings in den Alkohol übergehen.

3. Einmal pro Woche das Gefäß leicht schütteln, damit sich die Wirkstoffe besser lösen.

4. Nach der Ziehzeit die Tinktur durch ein feines Sieb oder Tuch filtern und in eine dunkle Glasflasche umfüllen. Die Scheiben werden zudem ausgedrückt.

Anwendung

Die Tinktur kann tropfenweise eingenommen werden, je nach Bedarf etwa 10–20 Tropfen pro Tag. Sie eignet sich gut als tägliche Unterstützung für das Immunsystem oder zur Linderung von Magenbeschwerden. Es ist ratsam, die Tinktur zunächst in Wasser oder Tee zu verdünnen. Die Tinktur ist nahezu unbegrenzt haltbar.

6.3.3 Birkenporling-Pulver

Das Pulver des Birkenporlings ist vielseitig einsetzbar und kann als Zutat für Smoothies, Suppen oder auch als Tee verwendet werden. In Pulverform kann der Pilz leicht in die tägliche Ernährung integriert werden und bietet dabei eine gute Dosiermöglichkeit.

Bei der Verwendung des reinen Pilzpulvers sollte auf eine sehr gute Qualität des Birkenporlings geachtet werden, um eine Kontamination mit Pathogenen zu vermeiden. Die meisten „Nebenwirkungen" bei der Verwendung von Birkenporlingspulver lassen sich häufig auf eben diesen Punkt zurückführen. Deswegen ist es ausserdem empfehlenswerter, Birkenporlinge selbst zu sammeln, anstatt sie aus anderen Quellen zu beziehen, bei denen möglicherweise eine Kontamination nicht ganz ausgeschlossen werden kann. Zudem ist gekauftes Birkenporlingspulver meist äußerst kostspielig.

Das Pulver ist einfach zu dosieren.

Zutaten

Getrocknete Birkenporlingstücke (selbst getrocknet oder aus der Apotheke)

Zubereitung

1. Die getrockneten Birkenporlingstücke in einem Mörser oder einer Kaffeemühle zu feinem Pulver mahlen.

2. Das Pulver in einem luftdichten Behälter an einem dunklen, kühlen Ort aufbewahren. Es ist etwa 6 Monate haltbar.

Anwendung

Je nach Bedarf kann täglich 1 Teelöffel des Pulvers in heiße Getränke, Smoothies oder Suppen eingerührt werden. Das Pulver eignet sich auch als Zugabe in Joghurts oder Müslis und verleiht diesen eine leicht erdige Note.

Die Scheiben sollten krachend brechen, dann sind sie ausreichend getrocknet

6.3.4 Birkenporling-Salbe

Dank seiner antimikrobiellen und entzündungshemmenden Eigenschaften ist der Birkenporling auch ideal für die äußerliche Anwendung geeignet. Eine Salbe aus dem Birkenporling kann bei Hautreizungen, kleinen Wunden und entzündeten Hautstellen lindernd wirken.

Zutaten

- 2 Esslöffel Birkenporling-Pulver
- 50 g Kokosöl oder Olivenöl
- 10 g Bienenwachs
- Optional: Einige Tropfen ätherisches Öl, z. B. Teebaumöl oder Lavendelöl

Zubereitung

1. Das Kokosöl in einem kleinen Topf schmelzen und das Birkenporling-Pulver hinzufügen.

2. Auf niedriger Hitze etwa 20 Minuten ziehen lassen, um die Inhaltsstoffe des Pilzes in das Öl zu überführen.

3. Das Bienenwachs hinzugeben und rühren, bis es vollständig geschmolzen ist. Falls gewünscht, einige Tropfen ätherisches Öl hinzufügen.

4. Die Mischung in kleine Salbentiegel füllen und abkühlen lassen. Die Salbe wird bei Raumtemperatur fest.

Anwendung

Die Salbe kann bei Bedarf mehrmals täglich auf die betroffenen Hautstellen aufgetragen werden. Sie eignet sich gut bei kleinen Schnittwunden, Insektenstichen oder leichten Hautentzündungen.

Tipp

Auch als Zutat in der traditionellen selbst gerührten „Pechsalbe" eignet sich der Birkenporling.

Abgefüllt lässt sich die Salbe unkompliziert anwenden.

6.3.5 Birkenporling als Zutat für eine Suppe oder Brühe

Der Birkenporling kann auch als nahrhafte Zutat in einer Suppe oder Brühe verwendet werden. Dies ist eine besonders schmackhafte Art, den Pilz in die Ernährung einzubauen.

Zutaten

- 2–3 Scheiben getrockneter Birkenporling
- 1 Liter Wasser oder Gemüsebrühe
- Frische Kräuter wie Petersilie, Thymian und Rosmarin
- Gemüse nach Wahl (z. B. Karotten, Zwiebeln, Sellerie)
- Salz und Pfeffer nach Geschmack

Zubereitung

1. Die Birkenporlingscheiben und das Gemüse in einen Topf mit Wasser oder Gemüsebrühe geben und zum Kochen bringen.

2. Die Brühe bei niedriger Hitze etwa 45 Minuten köcheln lassen, damit sich die Aromen entfalten und die Wirkstoffe des Pilzes in die Brühe übergehen.

3. Die Birkenporlingscheiben entfernen und die Brühe nach Belieben mit Kräutern, Salz und Pfeffer abschmecken.

Anwendung

Die Suppe kann als nahrhafte Vorspeise oder leichte Mahlzeit genossen werden und eignet sich besonders gut als wärmendes Gericht in den Wintermonaten.

Auch in einer Knochenbrühe kann der Birkenporling zum Einsatz kommen.

7
NACHHALTIGKEIT UND VERANTWORTUNGSVOLLES SAMMELN

Der Anstieg des Interesses an Heilpilzen wie dem Birkenporling weckt auch das Bewusstsein für die Bedeutung eines nachhaltigen und verantwortungsvollen Sammelns. Um die Natur zu bewahren und die Verfügbarkeit des Birkenporlings langfristig zu sichern, ist es wichtig, die natürlichen Ressourcen mit Sorgfalt zu nutzen. Dabei spielen sowohl umweltbewusstes Verhalten als auch das Einhalten gesetzlicher Vorgaben eine entscheidende Rolle.

Umweltbewusstes Sammeln

Sammeln in Maßen – nur das Nötigste nehmen: Nachhaltiges Sammeln bedeutet, nicht mehr als nötig mitzunehmen. Es ist wichtig, nur die Pilze zu ernten, die für den eigenen Bedarf tatsächlich gebraucht werden. Da der Birkenporling für viele Tierarten und das Ökosystem eine wichtige Rolle spielt, sollte er nicht übermäßig gepflückt werden. Eine Faustregel besagt, dass weniger als ein Drittel der verfügbaren Pilze in einem Gebiet geerntet werden sollte, um das natürliche Gleichgewicht nicht zu stören.

Pilze sollten umsichtig gesammelt werden.

Den Pilz sorgfältig ernten – Myzel im Baum lassen

Birkenporlinge wachsen aus dem Myzel, einem unterirdischen Netzwerk von Pilzfäden. Dieses Myzel ist entscheidend für die Fortpflanzung und Regeneration des Pilzes. Beim Ernten sollte darauf geachtet werden, nur den Fruchtkörper (das sichtbare Teil des Pilzes) abzuschneiden, ohne das Myzel im Baum oder im Holz zu beschädigen. Dadurch bleibt es am Leben und kann im nächsten Jahr erneut Fruchtkörper hervorbringen. Am besten eignet sich hierfür ein scharfes Messer, mit dem der Pilz sanft entfernt wird anstatt ihn heraus zu brechen.

Auch in Bruchstücken ist das Myzel.

Die Dimensionen des Myzels - unsichtbar und weitreichend

Das Myzel kann sich über große Flächen erstrecken und dabei viele Bäume oder sogar weite Waldbereiche durchziehen. Wie groß ein einzelnes Myzelnetzwerk ist, hängt stark von den Bedingungen des Waldbodens und der Verfügbarkeit von Nährstoffen ab. Es gibt Fälle in der Pilzbiologie, in denen Myzelien von Pilzen mehrere Hektar einnehmen und Hunderte von Jahren alt werden. Beim Birkenporling wurden derartige Dimensionen zwar noch nicht nachgewiesen, doch das Wachstum eines einzigen Myzelstrangs kann ebenfalls weite Entfernungen zurücklegen und sich über viele Meter erstrecken. Das Myzel kann innerhalb von Totholz oder in den Spalten lebender Birken über Jahre hinweg gedeihen.

Das Myzel wurde durch Wildfraß beschädigt.

Besondere Rücksicht auf die Natur nehmen

Jeder Schritt im Wald beeinflusst das empfindliche Ökosystem. Um den Waldboden, Pflanzen und andere Pilzarten nicht zu beschädigen, sollte auf festem Untergrund gelaufen werden, ohne Pflanzen und Pilze zu zertrampeln. Bei der Suche nach Pilzen sollte zudem darauf geachtet werden, keine Abfälle zu hinterlassen und nur die Pflanzen und Pilze zu berühren, die tatsächlich gesammelt werden.

Auch Flechten besiedeln Totholz.

Verzicht auf das Sammeln in besonders empfindlichen Ökosystemen

In besonders geschützten oder ökologisch sensiblen Gebieten, wie Mooren oder Naturschutzgebieten, sollte das Sammeln unterlassen werden, um seltene Arten und das Gleichgewicht im Ökosystem nicht zu gefährden. In solchen Regionen kann der Birkenporling eine besondere Rolle für die Artenvielfalt spielen, da er Insekten, Käfern und anderen Kleintieren als Nahrung und Lebensraum dient.

Der Birkenporling spielt auch für die Artenvielfalt eine Rolle.

Berücksichtigung der Wachstumszeiten

Der Birkenporling hat, wie die meisten Pilze, bestimmte Wachstumsphasen. Seine Verfügbarkeit im Jahr variiert, und er entwickelt sich am besten in den feuchten Monaten des Spätsommers und Herbstes. Um die Fortpflanzung des Pilzes zu sichern, ist es ratsam, ihn erst in der vollen Reife zu ernten, wenn er vollständig ausgewachsen ist.

Häufig tauchen Birkenporlinge kurz nach den Maronen auf.

Achtsamkeit gegenüber der Artenvielfalt

Beim Sammeln ist es leicht, versehentlich andere Pilze zu beschädigen. Eine reiche Artenvielfalt an Pilzen und Pflanzen ist wichtig für das Gleichgewicht des Waldes. Daher sollte beim Sammeln darauf geachtet werden, andere Pilzarten nicht versehentlich herauszuziehen oder zu zertreten.

7.1 Gesetzliche Vorgaben

Das Sammeln von Pilzen ist in vielen Ländern durch gesetzliche Regelungen begrenzt, um die Ressourcen zu schützen und Übernutzung zu verhindern. Diese Regelungen können je nach Region und Waldtyp variieren und sind wichtig, um das natürliche Gleichgewicht und den Fortbestand der Pilze zu sichern.

Freie Wälder und Gemeinwälder

In Deutschland ist das Sammeln von Wildpilzen wie dem Birkenporling in staatlichen oder allgemein zugänglichen Wäldern grundsätzlich erlaubt, solange es sich um geringe Mengen für den Eigenbedarf handelt. Typischerweise sind „geringe Mengen" in Deutschland auf etwa 1–2 Kilogramm pro Person und Tag beschränkt, jedoch kann die Menge regional variieren.

Forstwirtschaftlich genutzte Wälder

In forstwirtschaftlich genutzten Wäldern ist das Sammeln oft durch zusätzliche Bestimmungen geregelt. Während private Wälder mit Zustimmung des Eigentümers betreten werden können, dürfen in bewirtschafteten Wäldern meist nur kleinere Mengen für den Eigengebrauch gesammelt werden. Wer Pilze für den kommerziellen Verkauf sammelt, benötigt in der Regel eine gesonderte Genehmigung.

Sammelverbote in Naturschutzgebieten

In Naturschutzgebieten und besonders geschützten Regionen gelten häufig strenge Sammelverbote. Diese Verbote sollen den Lebensraum seltener oder bedrohter Arten schützen. In vielen Naturschutz-gebieten ist das Pflücken von Pflanzen oder Pilzen strengstens untersagt, und Verstöße können zu hohen Bußgeldern führen. In besonders sensiblen Regionen, wie Mooren, gilt das Sammelverbot auch für Pilze wie den Birkenporling, um seltene Mikro-habitate zu bewahren.

Regeln in geschützten Naturreservaten und Biotopen

In einigen Regionen gelten strengere Regeln für Biotope und andere geschützte Flächen. Das Sammeln in diesen Gebieten kann komplett verboten sein, da hier seltene und bedrohte Arten geschützt werden, die auf bestimmte Pilze und Pflanzen angewiesen sind. In diesen ökologisch sensiblen Gebieten ist es daher besonders wichtig, die örtlichen Vorschriften zu respektieren.

Gesetzliche Rahmenbedingungen für kommerzielles Sammeln

Wer Pilze wie den Birkenporling für kommerzielle Zwecke sammeln möchte, etwa zur Herstellung von Tinkturen oder anderen Produkten, muss spezielle Genehmigungen einholen. Diese Genehmigungen werden häufig auf lokaler Ebene von den Forst- oder Naturschutzbehörden ausgestellt und unterliegen strengen Auflagen. Das Sammeln ohne Genehmigung kann rechtliche Konsequenzen haben.

Informationspflicht und regionale Unterschiede

Da die gesetzlichen Regelungen je nach Bundesland und Region variieren können, ist es ratsam, sich vorab bei den zuständigen Forstämtern oder Naturschutzbehörden zu informieren. Viele Städte und Gemeinden bieten spezielle Sammelkalender oder Informationsbroschüren an, die die wichtigsten Regelungen und Schutzgebiete aufzeigen.

Durch ein achtsames Sammeln und das Einhalten der gesetzlichen Vorgaben lässt sich die Faszination und Heilwirkung des Birkenporlings auf nachhaltige Weise genießen, ohne die Natur und ihre Vielfalt zu gefährden. Ein verantwortungsbewusster Umgang mit diesen Schätzen der Natur schützt die Biodiversität und ermöglicht es auch künftigen Generationen, von der Kraft des Birkenporlings zu profitieren.

8

DER BIRKENPORLING IN DER ZUKUNFT

Die moderne Wissenschaft hat begonnen, die medizinischen und therapeutischen Potenziale des Birkenporlings intensiver zu erforschen. Diese Forschung könnte Türen zu neuen Anwendungen in der Medizin und in der Naturheilkunde öffnen. Sein breites Wirkungsspektrum bietet Hoffnung für die Behandlung zahlreicher Krankheiten, und die Integration in Tiermedizin und Vitalpilzmischungen zeigt, dass der Birkenporling auch in der Mykotherapie für Tiere zunehmend Beachtung findet. In diesem Kapitel werfen wir einen Blick auf die aktuellen Forschungen und auf zukünftige Entwicklungen und Anwendungsmöglichkeiten des Birkenporlings.

8.1 Zukünftige Forschung

In den letzten Jahrzehnten haben wissenschaftliche Studien erste Hinweise auf die medizinische Wirksamkeit des Birkenporlings erbracht. Diese Untersuchungen bilden die Grundlage für zukünftige Forschungen und gezielte Anwendungen. Zukünftig könnten detaillierte klinische Studien die medizinischen Eigenschaften des Birkenporlings noch besser untersuchen, mit besonderem Augenmerk auf seine Rolle in der Immunregulation, Krebsbekämpfung und Wundheilung.

Neue Wege in der Krebsforschung

In der Onkologie gibt es bereits erste Hinweise darauf, dass die Polysaccharide und Triterpene des Birkenporlings eine zellschützende und antioxidative Wirkung entfalten können. Studien haben gezeigt, dass bioaktive Substanzen wie Betulin und Betulinsäure, die im Birkenporling vorkommen, das Wachstum bestimmter Krebszellen hemmen und deren Zelltod fördern können. Da es in diesem Bereich jedoch noch an groß angelegten klinischen Studien fehlt, besteht die Hoffnung, dass zukünftige Forschung tiefergehende Erkenntnisse über die Anwendung des Birkenporlings in der Krebsbehandlung liefert. Klinische Studien könnten seine Wirksamkeit und mögliche Einsatzmöglichkeiten als begleitendes Mittel in der Krebstherapie belegen.

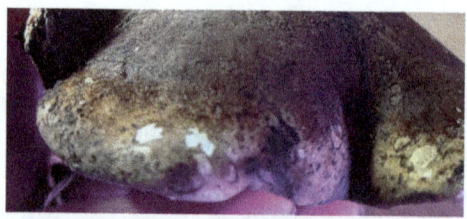

Studien zur Immunmodulation

Die immunmodulierende Wirkung des Birkenporlings könnte für die Behandlung von Erkrankungen des Immunsystems von großem Interesse sein. Polysaccharide wie Beta-Glucane, die im Birkenporling enthalten sind, könnten eine wesentliche Rolle bei der Stärkung und Regulation des Immunsystems spielen. Diese Substanzen fördern die Aktivität bestimmter Immunzellen und könnten so das Immunsystem auf natürliche Weise unterstützen, ohne es zu überfordern. Die zukünftige Forschung könnte darauf abzielen, den Einfluss dieser Wirkstoffe auf verschiedene Autoimmunerkrankungen sowie auf Infektionskrankheiten besser zu verstehen und zu nutzen.

Potenziale in der Wundheilung und Dermatologie

Auch im Bereich der Hautgesundheit und Wundheilung besitzt der Birkenporling ein vielversprechendes Potenzial. Seine antioxidativen und entzündungshemmenden Eigenschaften könnten bei der Heilung von Hautverletzungen und chronischen Wunden unterstützend wirken. Künftige Studien könnten untersuchen, wie sich Birkenporling-Extrakte auf die Kollagenproduktion und die Hautregeneration auswirken und ob er bei Hautkrankheiten wie Ekzemen, Schuppenflechte oder Akne eine unterstützende Rolle spielen kann.

Verwendung in der Mykotherapie für Tiere

Auch in der Tierheilkunde hat der Birkenporling bereits Interesse geweckt. Besonders in der Mykotherapie, der therapeutischen Anwendung von Heilpilzen, wird der Birkenporling bei Hunden, Pferden und Katzen eingesetzt, um das Immunsystem zu stärken oder die Verdauung zu regulieren. Seine antimikrobiellen Eigenschaften sind besonders für die Behandlung von Hautproblemen und Infektionen von Interesse. Die Zukunft der Forschung könnte darauf abzielen auch neue Behandlungsmöglichkeiten für tierische Begleiter zu erschließen.

8.2 Vitalpilzmischungen und Nahrungsergänzungsmitteln

Ein weiteres interessantes Zukunftsfeld für den Birkenporling ist seine Verwendung in Vitalpilzmischungen. Diese Mischungen kombinieren verschiedene Heilpilze, um deren Wirkung zu verstärken und eine ganzheitliche Unterstützung für Gesundheit und Wohlbefinden zu bieten. In Verbindung mit Pilzen wie dem Reishi oder dem Chaga kann der Birkenporling eine harmonische und synergistische Wirkung entfalten. Besonders seine Fähigkeit, das Immunsystem zu stärken und den Verdauungstrakt zu unterstützen, macht ihn zu einem wertvollen Bestandteil in diesen Mischungen.

9

GLOSSAR

Wichtige Begriffe aus der Mykologie, Medizin und Naturheilkunde rund um den Birkenporling

Dieses Glossar fasst wesentliche Begriffe zusammen, die häufig im Zusammenhang mit dem Birkenporling und der Heilpilztherapie verwendet werden. Es richtet sich an alle Leser, die die Fachbegriffe besser verstehen möchten und bietet fundierte Erklärungen aus den Bereichen Mykologie, Medizin und Naturheilkunde.

A

Adaptogen

Adaptogene sind Substanzen, die den Körper widerstandsfähiger gegen Stress machen und das Gleichgewicht des Körpers unterstützen, ohne dabei spezifische Krankheiten zu behandeln. Der Birkenporling wird als Adaptogen eingestuft, da er die Immunreaktion regulieren und das allgemeine Wohlbefinden fördern kann.

Antioxidantien

Antioxidantien sind Substanzen, die freie Radikale im Körper neutralisieren und so Zellschäden verhindern. Der Birkenporling enthält antioxidative Verbindungen, die helfen, den Körper vor schädlichen Umwelteinflüssen und Alterungsprozessen zu schützen.

B

Betulinsäure

Betulinsäure ist eine natürlich vorkommende Substanz, die besonders in der Birkenrinde und im Birkenporling vorkommt. Sie hat entzündungshemmende, antioxidative und möglicherweise krebshemmende Eigenschaften und wird derzeit auf ihre medizinische Anwendbarkeit erforscht.

Beta-Glucane

Beta-Glucane sind eine Gruppe von Polysacchariden, die in den Zellwänden von Pilzen, einschließlich des Birkenporlings, vorkommen. Diese Substanzen können das Immunsystem stimulieren, indem sie bestimmte Immunzellen aktivieren und die körpereigenen Abwehrmechanismen unterstützen.

Biotransformation

Biotransformation bezeichnet den Prozess, bei dem der Körper Stoffe in biochemisch veränderte, meist besser aufnehmbare Formen umwandelt. Im Kontext des Birkenporlings ist dies wichtig, da seine bioaktiven Inhaltsstoffe vom Körper oft erst nach Umwandlung optimal genutzt werden können.

C

Chitin

Chitin ist ein Polysaccharid und Hauptbestandteil der Zellwände von Pilzen. Es verleiht Pilzen Struktur und Festigkeit und ist für den menschlichen Organismus schwer verdaulich. Daher sollten Pilze wie der Birkenporling vor der Einnahme verarbeitet werden, um ihre Wirkstoffe zugänglich zu machen.

Cytotoxizität

Cytotoxizität beschreibt die Fähigkeit einer Substanz, Zellen zu schädigen oder abzutöten. Die Cytotoxizität des Birkenporlings gegen bestimmte Krebszellen wird derzeit in der Krebsforschung untersucht, wobei insbesondere die Effekte seiner Triterpene von Interesse sind.

D

Detox

Detox oder Entgiftung bezeichnet Prozesse, die den Körper dabei unterstützen, Giftstoffe auszuleiten und die natürliche Entgiftungsfunktion von Organen wie Leber und Nieren zu stärken. Der Birkenporling kann aufgrund seiner entzündungshemmenden und antioxidativen Eigenschaften zu einer sanften Entgiftung beitragen.

Diuretikum

Ein Diuretikum fördert die Ausscheidung von Flüssigkeit aus dem Körper durch erhöhte Harnproduktion. Traditionell wurde der Birkenporling als natürliches Diuretikum verwendet, um den Körper bei der Ausscheidung von Schadstoffen zu unterstützen.

E

Endoparasitikum

Ein Endoparasitikum ist ein Mittel, das auf die Behandlung von Endoparasiten, also inneren Parasiten, wie Würmern oder Protozoen, abzielt. Der Birkenporling wurde historisch als Endoparasitikum verwendet, um Parasiten im Verdauungstrakt zu bekämpfen.

Extrakt

Ein Extrakt ist eine konzentrierte Form eines Stoffs, der durch das Herauslösen bestimmter Inhaltsstoffe aus einem Ausgangsmaterial, etwa einem Pilz, gewonnen wird. Extrakte des Birkenporlings werden verwendet, um eine höhere Dosis seiner wirksamen Inhaltsstoffe zu erzielen und die Bioverfügbarkeit zu erhöhen.

I

Immunmodulator

Ein Immunmodulator ist eine Substanz, die das Immunsystem entweder stimuliert oder dämpft, um es ins Gleichgewicht zu bringen. Der Birkenporling wirkt als Immunmodulator, indem er das Immunsystem stärkt und so Krankheiten vorbeugt, aber auch reguliert, um übermäßige Immun-reaktionen zu verhindern.

In-vivo-Studie

In-vivo-Studien sind Experimente, die an lebenden Organismen, wie Tieren oder Menschen, durchgeführt werden. Der Birkenporling wird in verschiedenen in-vivo-Studien auf seine gesundheitlichen Wirkungen, beispielsweise seine cytotoxische Wirkung gegen Krebszellen, untersucht.

M

Mykologie

Die Mykologie ist die Wissenschaft von Pilzen. Sie befasst sich mit der Erforschung von Pilzen, ihrer Klassifikation, Biologie und ihren Anwendungen in verschiedenen Bereichen wie Medizin und Umwelt. Der Birkenporling gehört zu den Pilzen, die intensiv mykologisch untersucht werden.

Mykotherapie

Die Mykotherapie ist die Lehre und Praxis der therapeutischen Anwendung von Pilzen zur Gesundheitsförderung und Heilung. Der Birkenporling ist in der Mykotherapie ein wichtiger Heilpilz, da er immunmodulierende und antioxidative Eigenschaften besitzt.

P

Polysaccharide

Polysaccharide sind komplexe Kohlenhydrate, die in den Zellwänden von Pilzen vorkommen. Im Birkenporling enthaltene Polysaccharide, insbesondere Beta-Glucane, spielen eine wichtige Rolle für das Immunsystem und wirken entzündungshemmend.

Phytotherapie

Die Phytotherapie ist die Behandlung von Krankheiten und die Förderung der Gesundheit mit pflanzlichen Wirkstoffen. Der Birkenporling wird oft in die Phytotherapie integriert, da seine Inhaltsstoffe wie Betulinsäure und Polysaccharide viele gesundheitsfördernde Eigenschaften besitzen.

T

Triterpene

Triterpene sind eine Klasse chemischer Verbindungen, die in vielen Heilpilzen, darunter der Birkenporling, vorkommen. Sie haben entzündungshemmende, antioxidative und immunmodulierende Eigenschaften und sind daher von Interesse für die Krebstherapie und Immunologie.

Tumornekrose

Tumornekrose bezieht sich auf den Tod von Tumorzellen durch die Einwirkung bestimmter Faktoren. Der Birkenporling zeigt in der Forschung vielversprechende tumornekrotische Effekte, was bedeutet, dass seine Inhaltsstoffe in der Lage sind, das Wachstum und die Ausbreitung bestimmter Tumore zu hemmen.

V

Vitalpilze

Vitalpilze sind Pilze, die aufgrund ihrer gesundheitsfördernden Eigenschaften in der Naturheilkunde und Mykotherapie genutzt werden. Der Birkenporling zählt zu den Vitalpilzen, da er eine Reihe bioaktiver Substanzen enthält, die das Immunsystem unterstützen, antioxidativ wirken und das allgemeine Wohlbefinden fördern.

10

LITERATURVERZEICHNIS

[1]

Ikekawa T et. al. Twenty-years of Studies on Antitumor Activities of Mushrooms, Nagano Prefectural Research Institute of Rural Industry; 1989

[2]

Hyodo I, Amano N, Eguchi K, Narabayashi M, Imanishi J, Hirai M, Nakano T, Takashima S. Nationwide Survey on complementary and alternative medicine in cancer patients in Japan. J Clin Oncol 2005; 23: 2645–2654

[3]

Kim MJ, Lee SD, Kim DR, Kong YH, Sohn WS, Ki SS, Kim J, Kim YC, Han CJ, Lee JO, Nam HS, Park YH, Kim CH, Yi KH, Lee YY, Jeong SH. Use of complementary an alternative medicine among Korean cancer patients. Korean J Intern Med 2004; 19: 250–256

[4]

https://www.termedia.pl/Cytotoxic-activity-of-Fomitopsis-betulina-against-normal-and-cancer-cells-a-comprehensive-literature-review,3,55002,1,1.html

[5]

Wandokants F, Utzig J, Kotz J. Wirkung des Birkesegel- und Birketumors auf die spontanen Krebsarten des Hundes, einschließlich Brustkrebs bei Hunden. Med Weter 1955; 3: 148-151.

[6]

Wandokants F, Utzig J, Kotz J. Auswirkungen von Birkesegel hydrolysates-Polyporus betulinus und Birke Tumor-Poria obliqua auf Krebszellen. Med Weter 1954; 10: 603-605.

[7]

Utzig J, Samborski Z. Auswirkungen von Triterpenen im Birken-Polyporus betulinus auf Stickera-Tumoren. Med Veteran 1957; 8: 481-484.

[8]

Posen, Jasek S, Kalinowska R, u.a. Einfluss der Produkte, die mit der Vermehrung von Piptoporus betulinus auf Fersesammlungsergebnissen erzielt wurden. Und I. Zootechnik und hämatologisch. Wissenschaftliche Zeitschriften der Landwirtschaftsakademie in Breslau, Zootechnik, Breslau 1995, 40, 131-140.

[9]

Fajemiroye JO, Mouro AA, Marques SM, et al. Die präklinische Beurteilung der kardiovaskulären Veränderungen, die durch Birnpolyporenpilze induziert werden, Piptoporus betulinus (Agaricomycetes). Int J Med Pilz 2017; 19: 257-265.

[10]

Sukowska-Ziaja K., Schmetterling P., Muszyska B., Firlej A. Piptoporus betulinus (Bull.) P. P. Karst. – eine reiche Quelle biologisch aktiver Verbindungen. Post Fitoter 2015; 2: 89-95.

[11]

Pulfer, Wanda May: 2015 Mykotherapie für Tiere DOI: 10.1055/b-0038-150359

Weitere Bücher von Lou Herfurth

Wilma Wachtel Brutfibel
Wilma Wachtel, die Kükenbrüt-Expertin, enthüllt Geheimnisse des Erfolgs. In diesem Buch: Bruttagebuch, Tipps, Meldepflichten, alles für deinen Zuchterfolg mit japanischen Legewachteln!

- 60 Seiten
- Format: Sachbuch 135x205 Ringbindung 90g weiß, matt
- Erscheinungsdatum: 23.10.2023
- ISBN: 9783758417542
- Sprache: Deutsch

Tauche ein in die kulinarische Welt von Wilma Wachtel und entdecke feine Köstlichkeiten, mit denen du deine Freunde begeisterst! In **„Feiner Küchenzauber"** nimmt dich die liebenswerte gefiederte Meisterköchin mit auf eine verlockende Reise, bei der ihre zarten und delikaten Wachteleier die unangefochtene Hauptrolle spielen.

- 22 Seiten
- Format: A5 hoch Ringbindung 90g weiß, matt
- Erscheinungsdatum: 21.11.2023
- ISBN: 9783758432019
- Sprache: Deutsch

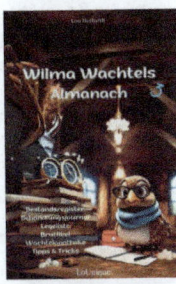

Wilma Wachtels Almanach
Bestandsregister, Legeliste, Bruttagebuch, Wachtelapotheke und noch mehr: Willkommen Wilmas Welt! Mit ihrem Almanach gehört verflixt und verwachtelt der Vergangenheit an!

- 72 Seiten
- Format: Sachbuch 135x205 Ringbindung 90g weiß, matt
- Erscheinungsdatum: 08.02.2024
- ISBN: 9783758470103
- Sprache: Deutsch

Mit einer Mischung aus Abenteuer, Emotionen und zauberhaften Elementen ist **"Flügel der Freundschaft"** eine herzerwärmende Erzählung, die kleine Leser in eine Welt entführt, in der Träume wahr werden.

- 116 Seiten
- Format: Taschenbuch 125x190 Softcover 90g creme, matt
- Erscheinungsdatum: 19.12.2023
- ISBN: 9783758450051
- Sprache: Deutsch

Alles Roger, deine Fellnase ist ein unverzichtbarer Leitfaden für Hundebesitzer, die sicherstellen wollen, dass ihr geliebter Vierbeiner auch in ihrer Abwesenheit bestens versorgt ist.

- 66 Seiten
- Format: A4 hoch Ringbindung 90g weiß, matt
- Erscheinungsdatum: 13.06.2024
- ISBN: 9783759827340
- Sprache: Deutsch

Wilma Wachtel 4 - Schnabularasa - Rezepte für Piepsköpfe bietet Rezepte und Tipps für Wachteln, von Kräutern und Samen bis zu selbstgemachten Picksteinen und Tees. Ein Muss für alle Wachtelhalter!

- 68 Seiten
- Format: A5 hoch Ringbindung 90g weiß, matt
- Erscheinungsdatum: 23.06.2024
- ISBN: 9783759831330
- Sprache: Deutsch

Fabularasa Hase und Igel - Das große Rennen
40 Seiten Geschichte und liebevolle Ausmalbilder für Kinder ab 3 Jahren, fördert dieses Aktivbuch Kreativität, Sprachentwicklung und das Verständnis für Freundschaft und Fairness mit Hase und Igel.

- 40 Seiten
- Format: A4 quer Ringbindung 170g weiß, matt
- Erscheinungsdatum: 22.07.2024
- ISBN: 9783759844811
- Sprache: Deutsch

"Faszination Weinbergschnecken - Haltung, Zucht und Artenschutz: Alles, was du wissen musst" ist der ultimative Ratgeber für junge Entdecker und Schneckenliebhaber! Dieses Buch entführt dich in die faszinierende Welt der Weinbergschnecken und bietet umfassende Informationen zu ihrer Haltung, Zucht und ihrem Schutz.

- Sprache : Deutsch
- Taschenbuch : 114 Seiten
- ISBN-13 : 979-8342241236
- Lesealter : 10–18 Jahre

auch als Hardcover und eBook erhältlich.

Miu will Meer: 10 Gute-Nacht-Geschichten für kleine Abenteurer

Der kleine Kater Miu hat einen großen Traum: Er will das Meer sehen und Wasserski fahren! Doch da gibt es ein Problem – Miu hat Angst vor dem Wasser und kann nicht schwimmen.

- Sprache : Deutsch
- Taschenbuch : 120 Seiten
- ISBN-13 : 979-8336212761
- Lesealter : 7–18 Jahre

auch als Hardcover, eBook und auf Englisch erhältlich.

Balto rettet Weihnachten

Es ist Heiligabend, und Balto, ein neugieriger und fröhlicher Hund, erlebt das Abenteuer seines Lebens! Als Rudolph, das Rentier mit der berühmten roten Nase, plötzlich krank wird, steht Weihnachten auf der Kippe. Doch Balto zögert nicht lange und springt mutig ein, um dem Weihnachtsmann zu helfen, die Geschenke rechtzeitig zu den Kindern auf der ganzen Welt zu bringen.

- Sprache : Deutsch
- Taschenbuch : 120 Seiten
- ISBN-13 : 979-8336212761
- Lesealter : 7–18 Jahre

auch als Hardcover, eBook und auf Englisch erhältlich.

Miu sucht Glück

Miu, der neugierige kleine Kater, macht sich auf eine spannende Reise durch den Wald, um das Geheimnis des Glücks zu entdecken. Auf seinem Weg trifft er viele Tiere, die ihm zeigen, dass Glück in den unterschiedlichsten Formen existiert.

- Sprache : Deutsch
- Taschenbuch : 84 Seiten
- ISBN-13 : 979-8336176025
- Lesealter : 5–18 Jahre

auch als Hardcover, eBook und auf Englisch erhältlich.

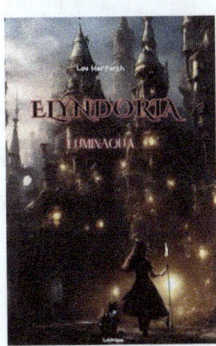

Elyndoria Luminaqua

Clea dachte, Mathe sei das Schlimmste in ihrem Leben. Doch als sie wegen ihrer kreativen Eskapaden aus dem Unterricht fliegt und einer mysteriösen streunenden Katze folgt, gerät alles aus den Fugen. Die Katze führt sie in einen geheimnisvollen Zauberladen, in dem ein seltsamer Pinsel auf sie wartet – ein Pinsel, der ihr Schicksal in eine völlig neue Richtung lenken wird.

- Sprache : Deutsch
- Taschenbuch : 215 Seiten
- ISBN-13 : 979-8336871517
- Lesealter : 10–18 Jahre

auch als Hardcover, eBook und auf Englisch erhältlich.

Flitzepfote undercover - Die Spekulatus Verschwörung
In einer atemberaubenden Reportage, die in der ganzen Tierwelt für Schnappatmung sorgt, enthüllt Flitzepfote, Nussburgs wohl tollpatschigster und mutigster Reporter, das größte Festgeheimnis aller Zeiten! Vom Weihnachtsmann, der in seinem Spekulatius-Rausch fast die Kontrolle über die Feiertage verliert, bis hin zur rebellischen Osterhäsin, die kurzerhand ein eigenes Frühlingsfest ins Leben ruft – Flitzepfote war dabei und hat ALLES notiert! (Okay, fast alles, bis auf das eine Mal... aber das ist eine andere Geschichte.)

- Sprache : Deutsch
- Taschenbuch : 98 Seiten
- ISBN-13 : 979-8343656688
- Lesealter : 8–18 Jahre

auch als eBook erhältlich.

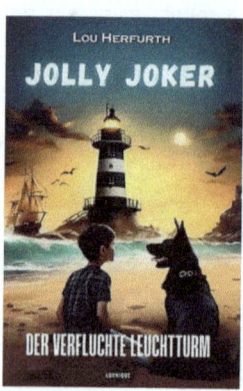

Jolly Joker - Der verfluchte Leuchtturm
Ein uralter Fluch. Ein verlassener Leuchtturm. Und ein Geheimnis, das besser nie gelüftet worden wäre...
Als Tom, Lena und Finn mit ihrem Hund Joker die mysteriöse Münze am Strand finden, ahnen sie nicht, dass sie damit die düstere Legende des Leuchtturms zum Leben erwecken. Der alte Leuchtturm birgt nicht nur längst vergessene Schätze, sondern auch das unheimliche Vermächtnis von Kapitän Grau – einem Piraten, dessen Geist bis heute über das Land wachen soll.

- Sprache : Deutsch
- Taschenbuch : 110 Seiten
- ISBN-13 : 979-8344279350
- Lesealter : 10–18 Jahre

auch als eBook und auf Englisch erhältlich.

Über die Autorin

Lou Herfurth, geboren 1985 in Bensberg, lebt in Karlsruhe mit Hund und Piratenkater. Als Fachautorin der Heim- und nutztierbranche schreibt sie seit 2012 für führende deutsche Aquaristikmagazine und den Zentralzoologischen Anzeiger.

Lou züchtet vom Aussterben bedrohte Aquarientiere und Wachteln. Sie liebt weltweite Bergausflüge und Mikroabenteuer mit ihrem Hund Joker.

Ihre Artikel und Bücher inspirieren und informieren, während sie den Fokus auf den Schutz und die Vielfalt unserer heimischen Tierwelt legt.

www.ingramcontent.com/pod-product-compliance
Lightning Source LLC
Chambersburg PA
CBHW070120230526
45472CB00004B/1348